清 华 电 脑 学 堂

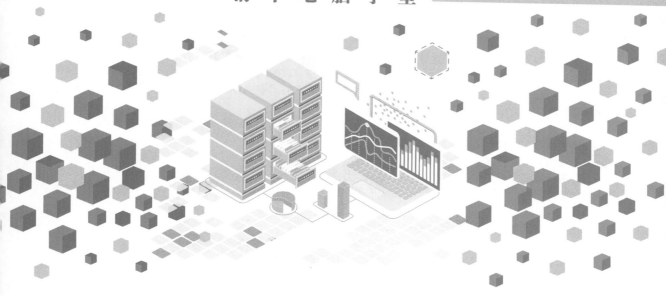

Access
数据库基础与应用标准教程

 金松河◎著

清华大学出版社

北 京

内 容 简 介

本书以理论为基础，以应用为导向，用大量的实例对Access数据库的应用进行全面讲解。全书共8章，主要内容包括数据库的基础知识、Access的基本操作、表的构建、查询的创建、窗体的设计、报表的设计、宏的自动化操作，以及数据库文件的管理。知识点覆盖《全国计算机等级考试二级Access数据库程序设计》考试大纲规定的内容。

在介绍Access操作方法的同时，安排大量的"动手练"案例，并且穿插"知识延伸"小体例，理论基础加实践练习，更利于读者对知识的掌握和吸收。

本书内容讲解通俗易懂、案例选择贴合实际，图文并茂、易教易学，具有很强的指导性和可操作性，适合作为高等院校相关专业的教学用书，也适合作为数据管理、信息系统管理、销售、人力、财务等工作人员的参考用书，还可以作为数据库爱好者的学习用书。

图书在版编目（CIP）数据

Access数据库基础与应用标准教程：实战微课版 / 金松河著． —北京：清华大学出版社，2023.9
（清华电脑学堂）
ISBN 978-7-302-64498-9

Ⅰ．①A… Ⅱ．①金… Ⅲ．①关系数据库系统—高等学校—教材 Ⅳ．①TP311.138

中国国家版本馆CIP数据核字（2023）第164914号

责任编辑：袁金敏
封面设计：杨玉兰
责任校对：胡伟民
责任印制：杨 艳

出版发行：清华大学出版社
网 址：http://www.tup.com.cn，http://www.wqbook.com
地 址：北京清华大学学研大厦A座   邮 编：100084
社 总 机：010-83470000   邮 购：010-62786544
投稿与读者服务：010-62776969，c-service@tup.tsinghua.edu.cn
质 量 反 馈：010-62772015，zhiliang@tup.tsinghua.edu.cn
课 件 下 载：http://www.tup.com.cn，010-83470236
印 装 者：小森印刷霸州有限公司
经 销：全国新华书店
开 本：185mm×260mm   印 张：15   字 数：385千字
版 次：2023年10月第1版   印 次：2023年10月第1次印刷
定 价：69.80元

产品编号：102885-01

前 言

Access是由微软公司发布的关联式数据库管理系统，专门为个人计算机应用小型数据库而开发，与Word、Excel、PowerPoint等，同属于Microsoft Office自带的办公软件之一。其界面友好、操作简单，存储方式单一，在小型企业中应用广泛。近年来，大数据在数字政府、数字经济、数字社会等领域广泛应用，各行各业全面进入大数据时代。党的二十大报告提出"加快建设网络强国、数字中国"，这为大数据发展指明了方向，提出了更高的要求。

习近平总书记指出，新时代大数据技术与应用不仅要推动各环节信息资源共享流通，还要完善数据注册、分类分级、质量保障等管理制度和标准规范，构建物理分散、逻辑统一、管控可信、标准一致的资源共享交换体系。因此，学习和掌握数据库管理知识是办公人员必备的技能之一。

本书致力于向读者介绍Access数据库的操作方法和使用技能，让读者在短时间内掌握大量实用的操作本领。书中对Access数据库中的表、查询、窗体、报表、宏等对象进行了全面讲解。知识点的安排参照了《全国计算机等级考试二级Access数据库程序设计》考试大纲，从实际需求出发，让读者快速掌握Access数据库知识。

▌本书特色

- **理论+实操，实用性强。** 本书为疑难知识点配备相关的实操案例，可操作性强，使读者能够学以致用。
- **结构合理，全程图解。** 本书采用全程图解方式，让读者能够直观了解到每一步的具体操作。学习轻松，易上手。
- **疑难解答，及时排忧。** 本书在每章结尾处安排了"新手答疑"板块，让读者学习起来没有压力。本书还提供在线答疑服务方式，读者可以对书中有疑问的地方进行在线交流。

▌内容概述

全书共8章，各章内容安排见表1。

表 1

章	内 容 概 述	难 度 指 数
第1章	主要介绍数据库的基本概念，使读者初步认识Access数据库	★☆☆
第2章	主要介绍Access数据库的基本操作，包括认识数据库的对象，创建、保存、打开、关闭数据库，查找与替换数据库中的数据等	★★☆
第3章	主要介绍表对象的常见操作，包括表的创建、表的联接、字段的基本设置、主键的设置、表的编辑等	★★★
第4章	主要介绍查询对象的常见操作，包括查询的功能概述、创建查询、编辑查询、查询语句的应用等	★★★

章	内 容 概 述	难度指数
第5章	主要介绍窗体对象的常见操作，包括窗体的组成、窗体的创建、窗体的基本操作以及窗体的设计等	★★☆
第6章	主要介绍报表对象的常见操作，包括报表的类型、报表的组成、报表和窗体的区别、创建报表以及打印报表等	★★☆
第7章	主要介绍宏的常见操作，包括宏的基本概念、宏的创建和运行、设置内置宏、编辑宏条件、常见的宏操作案例、宏窗口的控制等	★★★
第8章	主要介绍数据库文件的管理，包括数据库的备份及转换、数据库的压缩和修复，以及数据库的安全性设置等	★★☆

本书的配套素材和教学文件可扫描下面的二维码获取，如果在下载过程中遇到问题，请联系袁老师，邮箱：yuanjm@tup.tsinghua.edu.cn。书中重要的知识点和关键操作均配备高清视频，读者可扫描书中二维码边看边学。

本书由金松河著，在编写过程中，得到了郑州轻工业大学教务处的大力支持，在此对所有老师表示感谢。在编写过程中作者虽力求严谨细致，但由于时间与精力有限，书中疏漏之处在所难免。如果读者在阅读过程中有任何疑问，请扫描下面的技术支持二维码，联系相关技术人员解决。教师在教学过程中有任何疑问，请扫描下面的教学支持二维码，联系相关技术人员解决。

配套素材　　　教学课件　　　技术支持　　　教学支持

目 录

数据库的基础知识

Access的基本操作

表的构建

查询的创建

第5章 窗体的设计

第6章 报表的设计

宏的自动化操作

数据库文件的管理

附　录

Access数据库应用上机指导

第 1 章
数据库的基础知识

数据库由多条信息组合而成，本章将对数据库的概念、数据库的基础知识，以及理论知识进行详细介绍。

1.1 数据库概述

数据库是一门综合性技术，涉及领域广，如操作系统、数据结构、算法设计和程序设计等。所以在计算科学中会将数据库技术作为专门的学科进行研究和学习。

1.1.1 数据库及其发展

数据库是一种用于收集和组织信息的工具。利用数据库，可以存储有关联系人的信息、货物订单、订购产品的详细信息，或其他任何内容的信息。在关系数据库中，数据库是指与系统相关的所有数据、关系、索引、规则、约束、触发器和存储过程等。

通常来说，数据库系统由计算机软件、硬件资源组成，能够动态存储大量关联数据，从而方便多用户访问。数据库与文件系统的重要区别是数据的充分共享、交叉访问以及应用程序的高度独立性。

数据库技术的发展主要经历了人工管理阶段、文件系统阶段和数据库系统三个阶段。

1. 人工管理阶段

在20世纪50年代中期以前，计算机主要用于科学计算。当时的硬件状况是外存只有纸带、卡片、磁带，没有磁盘等直接存取的存储设备。从软件看，没有操作系统，没有管理数据的软件，数据处理方式是批处理。在人工管理阶段，程序与数据之间的一一对应关系如图1-1所示。

图 1-1

在人工管理阶段，数据管理的特点如下。

（1）数据不被保存

由于当时计算机主要用于科学计算，一般不需要将数据长期保存，只是在计算某一课题时将数据输入，用完就撤走。不仅对用户数据如此处置，对系统软件有时也是这样。

（2）应用程序管理数据

数据需要由应用程序自己管理，没有相应的软件系统负责数据的管理工作。应用程序中不仅要规定数据的逻辑结构，而且要设计物理结构，包括存储结构、存取方法、输入方式等，因此程序员负担很重。

（3）数据不能共享

数据是面向应用的，一组数据只能对应一个程序。当多个程序涉及某些相同的数据时，由于必须各自定义，无法互相利用、互相参照，因此程序与程序之间有大量的冗余数据。

（4）数据不具有独立性

数据的逻辑结构或物理结构发生变化后，必须对应用程序进行相应的修改，这就进一步加重了程序员的负担。

2. 文件系统阶段

20世纪50年代后期到20世纪60年代中期，计算机的应用范围逐渐扩大，计算机不仅用于科学计算，还大量用于管理。这时硬件上已有了磁盘、磁鼓等直接存储设备。软件方面，操作系统中已有了专门的数据管理软件，一般称为文件系统。处理方式上不仅有了文件批处理，而且能够联机实时处理。文件系统阶段程序与数据之间的关系如图1-2所示。

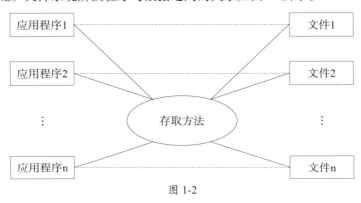

图 1-2

在文件系统阶段，数据管理的特点如下。

（1）数据可以长期保存

由于计算机大量用于数据处理，数据需要长期保留在外存上，并反复进行查询、修改、插入和删除等操作。

（2）由文件系统管理数据

由专门的软件即文件系统进行数据管理，程序和数据之间由软件提供的存取方法进行转换，使应用程序与数据之间有一定的独立性，程序员可以不必过多地考虑物理细节，而是将精力集中于算法。而且数据在存储上的改变不一定反映在程序上，大大减少了维护程序的工作量。

（3）数据共享性差

在文件系统中，一个文件基本上对应一个应用程序，即文件仍然是面向应用的。当不同的应用程序具有相同的数据时，也必须建立各自的文件，而不能共享相同的数据，因此数据的冗余度大，浪费存储空间。同时由于相同数据的重复存储、各自管理，给数据的修改和维护带来了困难，容易造成数据的不一致性。

（4）数据独立性低

文件系统中的文件是为某一特定应用服务的，文件的逻辑结构对该应用程序来说是优化的，因此要想对现有的数据再增加一些新的应用会很困难，系统不容易扩充。一旦数据的逻辑结构发生改变，就必须修改应用程序，修改文件结构的定义。而应用程序的改变，例如，应用程序改用不同的高级语言等，也将引起文件的数据结构的改变。因此数据与程序之间仍缺乏独立性。可见，文件系统仍然是一个不具有弹性的无结构的数字集合，即文件之间彼此是孤立的，不能反映现实世界事物之间的内在联系。

3. 数据库系统阶段

20世纪60年代后期以来，计算机用于管理的规模更为庞大，应用越来越广泛，数据量急剧增长，同时多种应用、多种语言互相覆盖地共享数据集合的要求越来越强烈。这时硬件已有大容量磁盘，硬件价格下降，软件价格上升，为编制和维护系统软件及应用程序所需的成本相对增加。在处理方式上，联机实时处理要求更多。在这种背景下，以文件系统作为数据管理手段已经不能满足应用的需求。于是为了解决多用户、多应用共享数据的需求，使数据为尽可能多的用户服务，就出现了数据库技术，出现了统一管理的专门软件系统——数据库管理系统。在数据库系统阶段程序与数据之间的对应关系如图1-3所示。

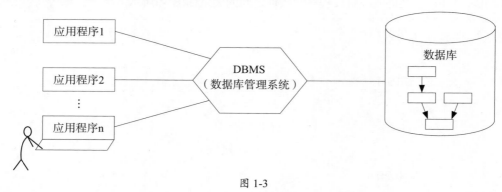

图 1-3

与传统的文件管理阶段相比，现代的数据库管理系统阶段具有下列特点。

（1）使用复杂的数据模型表示结构

在这种系统中，数据模型不仅描述数据表示的特征，而且还描述数据之间的联系。这种联系通过提供存取路径来实现。通过所有存取路径表示自然的数据联系，是数据库系统与传统的文件系统之间的本质区别。

（2）具有很高的数据独立性

数据的逻辑结构与实际存储的物理结构之间的差别比较大。用户可以使用简单的逻辑结构来操作数据，而无须考虑数据的物理结构，这种操作方式依靠数据库系统的中间转换。在物理结构改变时，尽量不影响数据的逻辑结构和应用查询。这时，就认为数据达到了物理数据的独立性。

（3）为用户提供方便的接口

在这种数据库系统中，用户可以非常方便地使用查询语言或使用程序命令操作数据库中的数据，也可以使用编程方式操作数据库。

（4）提供完整的数据控制功能

数据控制功能包括并发性、完整性、可恢复性、安全性和审计性等。并发性是指允许多个用户或应用程序同时操作数据库中的数据，而数据库依然保证为这些用户或应用程序提供正确的数据。完整性就是始终包含正确的数据。可恢复性是指在数据库遭到破坏之后，系统有能力把数据库恢复到最近某个时刻的正确状态。安全性是指只有指定的用户才能使用数据库中的数据和执行允许的操作。审计性是指系统可以自动记录所有对数据库系统和数据的操作，以便跟踪和审计数据库系统的所有操作。

（5）提高系统的灵活性

对数据库中数据的操作既可以以记录为单位，也可以以记录中的数据项为单位。

1.1.2 数据模型

数据模型（data model）也是一种模型，它是现实世界数据特征的抽象表现。由于计算机不能直接处理现实世界中的具体事物，因此人们必须事先把具体事物转换成计算机能够处理的数据，即首先要数字化，要把现实世界中的人、事、物、概念用数据模型这个工具来抽象、表示和加工处理。数据模型是数据库中用来对现实世界进行抽象的工具，是数据库中用于提供信息表示和操作手段的形式架构，是现实世界的一种抽象模型。

在实现数据库管理的过程中，数据模型起着关键作用。整个数据库技术的发展是沿着数据模型的主线展开的。现有的数据库均是基于某种数据模型，了解数据模型的基本概念是学习数据库的基础。数据模型按不同的应用层次分为3种类型，分别是概念数据模型（conceptual data model）、逻辑数据模型（logic data model）和物理数据模型（physical data model）。

（1）概念数据模型

概念数据模型又称概念模型，是一种面向客观世界、面向用户的模型，与具体的数据库管理系统无关，与具体的计算机平台无关。人们通常先将现实世界中的事物抽象到信息世界，建立所谓的"概念模型"，然后再将信息世界的模型映射到机器世界，将概念模型转换为计算机世界中的模型。因此，概念模型是从现实世界到机器世界的一个中间层次。

（2）逻辑数据模型

逻辑数据模型又称逻辑模型，是一种面向数据库系统的模型，它是概念模型到计算机之间的中间层次。概念模型只有在转换成逻辑模型之后才能在数据库中表示。目前，逻辑模型的种类很多，其中比较成熟的有层次模型、网状模型、关系模型、面向对象模型等。这4种数据模型的根本别在于数据结构不同，即数据之间联系的表示方式不同。

- 层次模型用"树结构"表示数据之间的联系。
- 网状模型用"图结构"表示数据之间的联系。
- 关系模型用"二维表"表示数据之间的联系。
- 面向对象模型用"对象"表示数据之间的联系。

（3）物理数据模型

物理数据模型又称物理模型，它是一种面向计算机物理表示的模型，此模型是数据模型在计算机上的物理结构表示。

1.1.3 数据元素

数据元素是数据的基本单位。数据元素也称为元素、结点、顶点、记录。一个数据元素可以由若干个数据项（也可称字段、域、属性）组成。数据项是具有独立含义的最小标识单位。

为了加快访问数据库的速度，数据库都使用索引，类似于图书馆为图书建立的图书索引，使读者可以方便地查阅到所需要的图书。索引是一个独立的文件或表格（每个数据库处理的方式不同），在数据库的整个生命周期中，它一直存在，并得到相应的维护。

主键是表中一列或多列的组合，其值唯一标识了表中的一行记录。在数据表中，任意两条记录的主键不能具有相同的值。例如，在某个数据表中将"学号"字段当作数据表的主键。如果出现了相同的学号，将提示出错，因为系统不知道存取的究竟是哪一条记录的数据。假设把"姓名"字段设为主键，这就要求该班不能出现重名现象。但就实际情况来看，一个班中确实存在重名现象的可能，所以"姓名"字段不宜作为主键。

在浏览数据表时，我们常常将数据表按某种类型进行排序，例如，按姓氏拼音、出生年月等。这种操作即为排序。排序有正序、倒序之分，也可以几个条件组合排序。

▌1.1.4 数据和信息

数据是对现实世界中客观事物的符号表示，可以是数值数据，也可以是非数值数据，如声音、图像等。计算机中的数据是能输入计算机，并能被其处理的简单符号序列。

信息是现实世界事物的存在方式或运动状态的反映，或者可以理解为信息是一种已经被加工为特定形式的数据。信息的主要特征是信息的传递需要物质载体，信息的获取和传递需要消耗能量，信息可以感知，还可以存储、压缩、加工、传递、共享、扩散、再生和增值。

数据是信息的载体和具体表现形式，信息不随着数据形式的变化而变化。数据有文字、数字、图形、声音等表现形式。数据是存储在数据表中静态值的集合，信息是提取出来供人们浏览的组织起来的数据。

A 1.2 数据库设计基础

设计合理的数据库可以让用户访问最新的、准确的信息。由于正确的设计对于实现使用数据库的目标非常重要，因此有必要投入时间学习良好设计的相关原则。这样才能设计出既能满足用户需求，又能轻松适应变化的数据库。

▌1.2.1 数据库基本设计流程

数据库设计是指在给定的数据库系统、操作系统和硬件环境下，如何表达用户的需求，并将其转换为有效的数据库结构，构成较好的数据库模式，这个过程称为数据库设计。数据库及其应用系统开发的全过程可分为两大阶段，一是数据库系统的分析与设计阶段；二是数据库系统的实施、运行与维护阶段。

数据库设计的任务是，根据一个单位的信息需求、处理需求和数据库的支撑环境，设计出数据模式（包括外模式、逻辑概念）、内模式以及典型的应用程序。其中，信息需求表示一个单位所需要的数据及其结构；处理需求表示一个单位需要经常进行的数据处理。前者表达了数据库的内容及结构的要求，也就是静态要求；后者表达了基于数据库的数据处理要求，也就是动态要求。

1. 明确任务

进行数据库设计之前，必须了解与分析用户需求，包括数据与处理需求。在这一阶段用户需要完成的任务是明确设计任务的需求分析，包括收集资料、分析整理、形成数据流程图和数据字典、用户确认。其中数据流程图是指描述数据动态运动轨迹；数据字典是指定义数据本身的静态特征。

接下来是形成概念结构设计，这是整个设计的关键，是逻辑结构设计的先导。在概念设计阶段，设计人员仅从用户角度看待数据及其处理要求和约束，产生一个反映用户观点的概念模式，也称为"组织模式"。

概念模式能充分反映现实世界中实体间的联系，又是各种基本数据模型的共同基础，易于向关系模型转换。这样做的好处有如下两点。

- 数据库设计各阶段的任务相对单一化，设计复杂程度得到降低，便于组织管理。
- 概念模式不受特定数据库系统的限制，也独立于存储安排，因而比逻辑设计得到的模式更为稳定。

概念模式不含具体的数据库系统所附加的技术细节，更容易为用户所理解，因而能准确地反映用户的信息需求。

2. 组织数据

组织数据是将概念模型转换成特定的数据库系统所支持的数据模型（层次型、网状型、关系型）。逻辑模型设计阶段的任务是将概念模型设计阶段得到的基本E-R图（实体-联系图）转换为与选用的数据库系统产品所支持的数据模型相符合的逻辑结构。

建立数据模型的主要目的是使数据库系统与它所描述的现实系统在整体上相符合，即在设计时使数据模型正确，有效地反映现实，在运行时保证数据库中的数据值真实地体现现实世界的状态。数据模型的建立一般分两个阶段完成。

第一个阶段：概念数据模型设计阶段。此阶段把现实世界中的信息抽象成信息世界中的实体和联系，结合有关数据库规范的理论，用一个概念数据模型将用户的数据需求明确地表达出来，为建立物理数据模型和设计应用程序打下坚实的基础。

第二个阶段：物理数据模型设计阶段。根据前一阶段建立起来的概念数据模型，并结合特定的数据库系统，按照一定的转换规则，把概念模型转换为依赖于数据库系统的物理数据模型。然后，再根据软硬件的运行环境，权衡各种利弊因素，确定一种高效的物理数据结构，使其既能节省存储空间，又能提高存取速度。有了这样一个物理数据模型，开发人员就可以在系统实现阶段建立数据库，并对数据库中的数据进行多种操作。

概念数据模型是一种面向问题的数据模型，它按照用户的观点对信息建模，主要用于数据库设计。下面对常见的名词术语进行简单介绍。

（1）实体

实体是现实世界中具有相同性质的同一类事物，可以是具体的对象，如客户、商品，也可以是抽象的概念和联系，如客户订购商品、商品出库等。实体是客观存在并且可以相互区别的事物，可以是具体的事物，也可以是抽象的事物。用来描述实体的特性称为实体的属性。一个实体是若干个属性的集合。具有相同属性的实体的集合称为实体集。一个实体应遵循两个基本规则：一是实体中的每个实例都必须可以唯一标识；二是实体之间是互斥的。

（2）属性

属性是指实体所具有的性质。通常一个实体由若干个属性刻画。例如，商品实体由商品编号、商品名称、规格、生产厂商、性能等属性组成。实体中每个实例都有用来唯一标识它的一个或多个属性，这些属性称为实体的标识符。

（3）域

域是某个或某些属性的取值范围。一个域可以被多个实体的属性共享使用。例如，定义一个电话号码域的数据类型为Char（8），它可以在许多实体中的电话属性中使用，一旦修改电话号码域的定义为Char（9），则使用该域的所有电话属性的定义都会随之改变。

（4）联系

联系是实体间有意义的连接，通常用实体间的一条连线表示。联系有两种方式：一种联系是强制的，即对于实体A的每一个实例，实体B中至少有一个实例与之关联；另一种联系是可选的，即对于实体A中的每一个实例，实体B中可以有也可以没有实例与之关联。在E-R图中，用"|"表示强制联系，用"o"表示可选联系。

按照实体中实例之间的数量对应关系，可以将联系分为一对一联系、一对多联系、多对多联系。

- 一对一联系（1：1）。实体集A中的一个实体至多与实体集B中的一个实体相对应，反之亦然，则称实体集A与实体集B为一对一的联系。记作1：1。如班级与班长、观众与座位、病人与床位。
- 一对多联系（1：n）。实体集A中的一个实体与实体集B中的多个实体相对应，反之，实体集B中的一个实体至多与实体集A中的一个实体对应。记作1：n。如班级与学生、公司与职员、省与市。
- 多对多（m：n）。实体集A中的一个实体与实体集B中的多个实体相对应，反之，实体集B中的一个实体与实体集A中的多个实体对应。记作m：n。如教师与学生、学生与课程、工厂与产品。

实际上，一对一联系是一对多联系的特例，而一对多联系又是多对多联系的特例。可以用图形表示两个实体型之间的这三类联系，如图1-4所示。

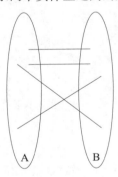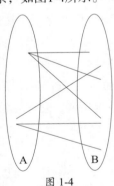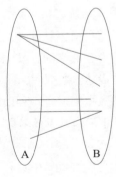

图 1-4

由于一张入库单中可以包含多项入库商品，而每种商品可以出现在多张入库单中，因此，实体入库单内容中的属性不能完全标识实体入库单内容中的具体实例，必须结合具体的入库单实例，所以，实体入库单内容的标识符应该由实体入库单的标识符入库单编号和实体入库单内容中的属性入库商品共同组成，这样，实体入库单内容便依赖于实体入库单。

（5）业务规则

业务规则是业务活动中必须遵循的规则，是业务信息之间约束的表达式，反映了业务信息数据之间的一组完整性约束。业务规则有以下5种类型。

- **定义**：这种规则可以定义系统中对象的特征。例如，向本公司采购商品的客户是企业或个人。
- **事实**：这种规则可以描述系统的事实。例如，客户可以拥有一个或多个订单。
- **公式**：这种规则可以描述系统中的计算公式。例如，金额=单价×数量。
- **要求**：这种规则可以对系统中的功能进行详细说明。例如，客户在订购商品前，必须进行注册，经审核批准后才能订货。
- **校验**：这种规则可以描述系统中数据之间的约束。例如，一个客户的订单总金额不能超过该客户的存款余额。

3. 设计原型

数据库的物理结构主要是指数据库的存储记录格式、存储记录安排和存取方法。物理设计可分五步完成。

（1）存储记录结构设计

包括记录的组成，数据项的类型、长度，以及逻辑记录到存储记录的映射。

（2）确定数据存放位置

可以把经常同时被访问的数据组合在一起，"记录聚簇"技术能满足这个要求。

（3）存取方法的设计

存取路径分为主存取路径及辅存取路径，前者用于主键检索，后者用于辅助键检索。

（4）完整性和安全性考虑

设计者应在完整性、安全性、有效性和效率方面进行分析，做出权衡。

（5）程序设计

在逻辑数据库结构确定后，应用程序设计应当随之开始。物理数据独立性的目的是消除由于物理结构的改变而引起对应用程序的修改。当物理独立性未得到保证时，可能会引发对应用程序的修改。

4. 构造程序

根据逻辑设计和物理设计的结果，在计算机系统上建立实际数据库结构，装入数据、测试和试运行的过程称为数据库的实施阶段。实施阶段主要有三项工作。

（1）建立实际数据库结构

对描述逻辑设计和物理设计结果的"程序源模式"，经数据库系统编译成目标模式并执行后，便建立了实际的数据库结构。

（2）装入试验数据，对应用程序进行调试

试验数据可以是实际数据，也可手动生成或用随机数发生器生成。应使测试数据尽可能覆盖现实世界的各种情况。

（3）装入实际数据，进入试运行状态

测量系统的性能指标是否符合设计目标。如果不符合，则返回到前面修改数据库的物理模型设计，甚至逻辑模型设计。

5. 测试和完善

数据库系统正式运行，标志着数据库设计与应用开发工作的结束和维护阶段的开始。

运行维护阶段的主要任务有以下四个方面。

- 维护数据库的安全性与完整性。
- 检测并改善数据库运行性能。
- 根据用户要求对数据库现有功能进行扩充。
- 及时改正运行中发现的系统错误。

1.2.2 设计标准化数据库

良好的数据库设计应该是将信息划分到基于主题的表中，以减少冗余数据；向Access提供根据需要连接表中信息时所需的信息；可帮助支持和确保信息的准确性和完整性；可满足数据处理和报表需求。因此，数据库设计过程应特别注意以下两点。

一是信息的重复性（又称冗余数据），因为重复信息会浪费空间，会增加出错和不一致的可能性，因此要避免。

二是信息的正确性和完整性。如果数据库中包含不正确的信息，任何从数据库中提取信息的报表也将包含不正确的信息。因此，基于这些报表所做的任何决策都将提供错误信息。

Access数据库设计工作的内容大致包含以下几个方面。

- **确定数据库的用途**：这是进行其他步骤的准备工作。
- **查找和组织所需的信息**：收集可能希望在数据库中记录的各种信息，如产品名称和订单号。
- **将信息划分到表中**：将信息项划分到主要的实体或主题中，如"产品"或"订单"。每个主题即构成一张表。
- **将信息项转换为列**：确定在每张表中存储哪些信息。每项将成为一个字段，并作为列显示在表中。例如，"雇员"表中可能包含"姓氏"和"聘用日期"等字段。
- **指定主键**：选择每张表的主键。主键是一个用于唯一标识每个行的列。例如，主键可以为"产品 ID"或"订单 ID"。
- **建立表关系**：查看每张表，并确定各张表中的数据如何彼此关联。根据需要，将字段添加到表中或创建新表，以便清楚地表达这些关系。
- **优化设计**：分析设计中是否存在错误；创建表并添加几条示例数据记录；确定是否可以从表中获得期望的结果；根据需要对设计进行调整。
- **应用数据规范化规则**：以确定表的结构是否正确，根据需要对表进行调整。

1.2.3 数据库优化设计

确定所需的表、字段和关系后，就应创建表并使用示例数据来填充表，然后尝试通过创建查询、添加新记录等操作来使用这些信息。这些操作可帮助用户发现潜在的问题，例如，可能需要添加在设计阶段忘记插入的列，或者可能需要将一张表拆分为两张表，以消除重复。

在测试初始数据库时，可能会发现可改进之处。以下是要检查的事项。

● **是否忘记了任何列？** 如果是，该信息是否属于现有的表？如果是有关其他主题的信息，则可能需要创建另一张表，并为需要跟踪的每个信息项创建一列。如果无法通过其他列计算出信息，则可能需要为其创建一个新列。

● **是否存在可通过现有字段计算得到的不必要的列？** 如果某信息项可以从其他现有列计算得出（例如通过零售价计算出的折扣价），则进行计算会更好，并能够避免创建新列。

● **是否在某张表中重复输入相同的信息？** 如果是，则可能需要将这张表拆分为两张具有一对多关系的表。

● **是否存在具有很多字段，但记录数量有限，且各个记录中有很多空字段的表？** 如果有，则要考虑对该表进行重新设计，使其包含更少的字段和更多的记录。

● **表之间的所有关系是否已经由公共字段或第三张表加以表示？** 一对一和一对多关系要求使用公共列，而多对多关系要求使用第三张表来表示。

1.3 认识Access数据库

Access是一种小型的数据库，常用于管理日常办公所需数据。其功能非常强大，操作界面简单，对操作人员的技术要求不高，容易上手。

1.3.1 Access简介

Access是Microsoft公司的数据库管理系统，是Office办公软件中包含的成员之一。Access作为一种关系型桌面数据库，具有界面友好、简单易学、应用广泛等特点，已经被越来越多的人所熟悉和使用。

数据库管理系统是一种帮助用户对数据进行各种各样处理的工具，这一工具可以是简单的文字处理程序或者表格，而Access为用户提供了多种复杂的数据查询和搜索等功能，以及表、窗体、报表等多种数据处理形式。

在Access中，数据库是指那些用来组成一个完整系统的所有表、关系、查询、视图（含触发器和存储过程）、窗体、报表、宏、模块等的集合体。同时，数据库还包含一些辅助对象，如菜单工具栏、数据库属性、启动属性等。

1.3.2 Access工作界面

启动Access后，即可进入Access的工作界面，其工作界面由快速访问工具栏、文件按钮、功能区、导航窗格、状态栏等主要部分组成，如图1-5所示。

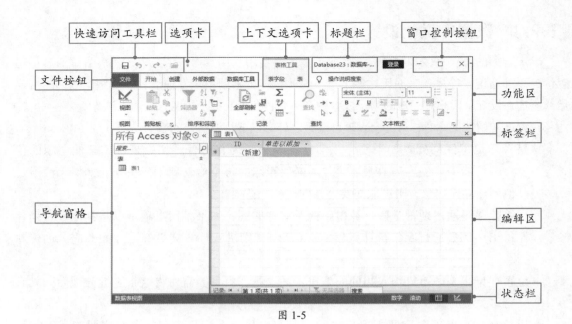

图 1-5

知识延伸

　　Access可将信息组织到表中，表由行和列组成，与Excel工作表类似。在简单的数据库中，可能仅包含一张表。对于大多数数据库，可能需要多张表。每一行也称为记录，每一列也称为字段。记录是一种用来组合某事项的相关信息的有效且一致的方法。字段是单个信息项，即出现在每条记录中的项类型。

1. 快速访问工具栏

　　"快速访问工具栏"位于窗口的左上角。"快速访问工具栏"中集成了多个常用的按钮，在系统默认状态下集成了"保存""撤销""重复"按钮。

　　单击"快速访问工具栏"最右侧的"自定义快速访问工具栏"按钮，通过下拉列表中提供的选项，可向"快速访问工具栏"中添加或删除常用的命令按钮，如图1-6所示。

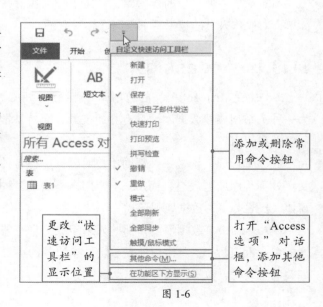

图 1-6

2. 文件按钮

　　"文件"按钮在快速访问工具栏的下方，单击"文件"按钮，可以打开"文件"菜单，在"文件"菜单中可以对数据库文件执行"新建""打开""保存""打印"等操作，如图1-7所示。

图 1-7

3. 功能区

功能区中集成了"快速访问工具栏""文件""标题栏""选项卡""窗口控制按钮"等。其中选项卡默认包括"开始""创建""外部数据""数据库工具"以及上下文选项卡（当对不同对象执行操作时，上下文选项卡会自动发生变化）。每个选项卡中按功能对命令按钮进行了分组，方便用户选择和使用，如图1-8所示。

图 1-8

4. 导航窗格

导航窗格中可以显示、查询或筛选数据库中的不同类型的对象，例如表、查询、窗体、报表等，如图1-9所示；或对指定的对象执行打开、设计视图、导入、导出、重命名、在此组中隐藏、删除等操作，如图1-10所示。

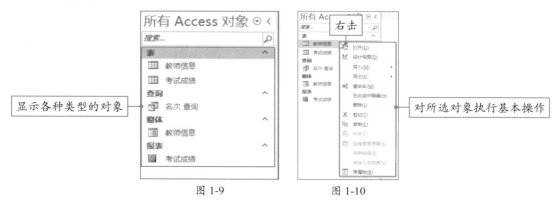

图 1-9 　　　　　图 1-10

5. 状态栏

状态栏位于Access窗口的底部，主要用于显示当前文件的状态。状态栏左侧显示当前视图模式，状态栏的右侧包含视图按钮，单击按钮可切换到相应视图，如图1-11所示。

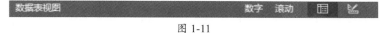

图 1-11

动手练 调整导航窗格

使用Access时为了给编辑区留出更大的操作空间，可以适当调整导航窗格的宽度或隐藏导航窗格。

Step 01 将光标移动到导航窗格的右侧边线上，光标变成 <>| 时按住鼠标左键进行拖动（向左拖动减小宽度，向右拖动增大宽度），如图1-12所示。

Step 02 松开鼠标左键后导航窗格的宽度随即得到调整，如图1-13所示。

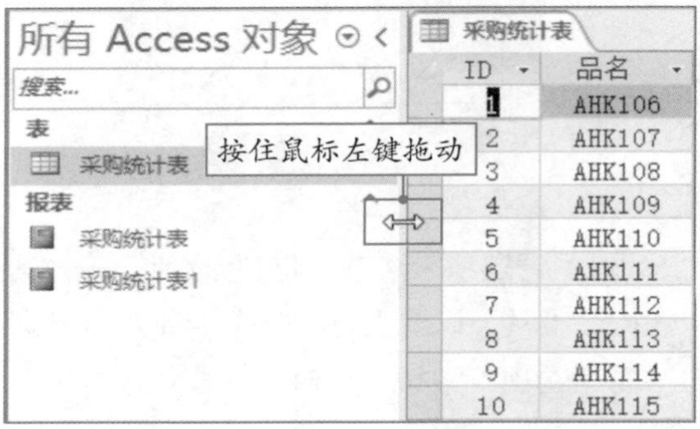

图 1-12

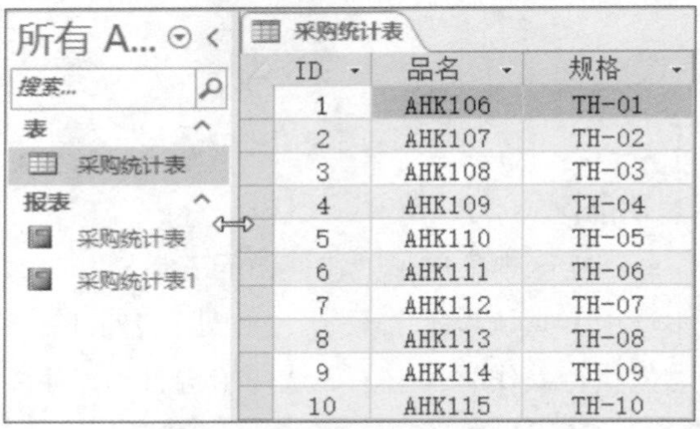

图 1-13

Step 03 单击导航窗格右上角的"百叶窗开/关"按钮，如图1-14所示。

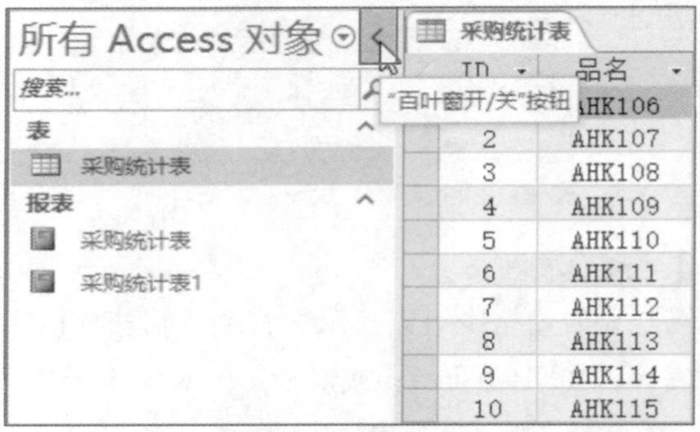

图 1-14

Step 04 导航窗格即可被折叠。再次单击"百叶窗开/关"按钮，可将导航窗格重新展开，如图1-15所示。

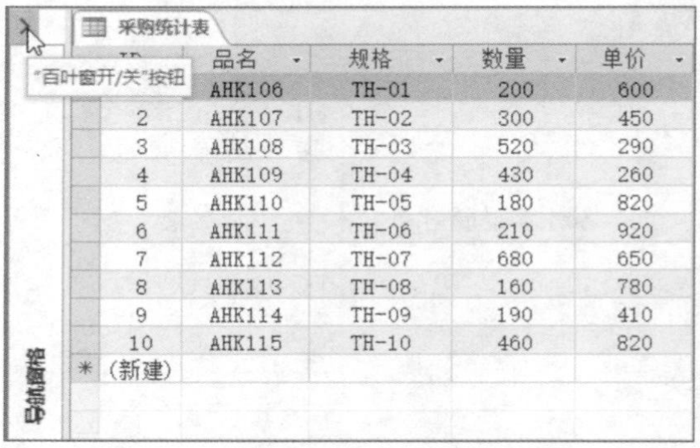

图 1-15

动手练 自定义快速访问工具栏

若要将某个常用命令添加到"快速访问工具栏"，可以参照以下步骤进行操作。

Step 01 单击"快速访问工具栏"右侧的"自定义快速访问工具栏"按钮，在下拉列表中选择"其他命令"选项，如图1-16所示。

Step 02 弹出"Access选项"对话框，此时对话框中默认打开的是"快速访问工具栏"界面。在"从下列位置选择命令"下拉列表中选择"所有命令"选项，随后在下方列表框中选中需要添加到"快速访问工具栏"的命令，单击"添加"按钮，将其添加到右侧列表框中，最后单击"确定"按钮即可，如图1-17所示。

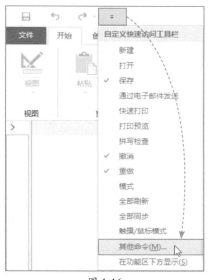

图 1-16

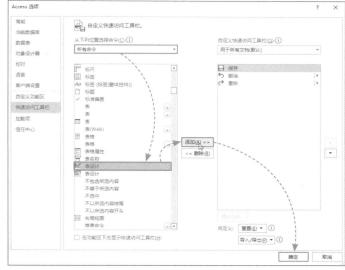

图 1-17

1.3.3 Access的启动与退出

Access数据库的启动与退出属于最基础的操作。用户可通过启动与退出软件，先熟悉软件界面的构成，消除对软件的陌生感。

动手练 启动Access数据库

启动Access的方法非常简单，且方法不止一种，下面介绍最常用的启动方法。

Step 01 用户在成功安装Access以后，一般会生成桌面快捷图标，双击Access图标，如图1-18所示。

Step 02 Access软件随即被启动，默认打开"开始"界面，如图1-19所示。

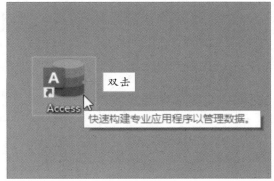

图 1-18

图 1-19

动手练 退出Access数据库

退出Access数据库的方法也有很多，通过界面右上角的窗口控制按钮，或通过"文件"菜单中的操作选项，均可退出Access数据库。

Step 01 单击界面右上角的"关闭"按钮可退出Access数据库，如图1-20所示。

Step 02 用户也可在"文件"菜单中单击"关闭"按钮，退出数据库，如图1-21所示。

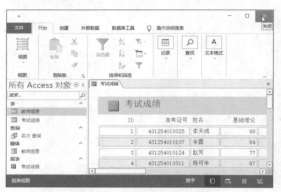

图 1-20

图 1-21

1.4 Access的基本功能

Access提供了一整套用于组织数据、建立查询、生成窗体、打印报表、共享数据，以及支持超级链接的功能，使用这些功能可以快速完成很多复杂的数据处理工作。

1.4.1 组织数据

数据库管理系统最主要的作用就是组织、管理各种各样的数据。在Access中，可以将每一种类型的数据存放在一张表里。并可以定义多张表之间的关系，从而将各张表中相关数据有机地联系在一起，如图1-22所示。

图 1-22

1.4.2 创建查询

查询是数据库管理系统不可缺少的工具。建立了数据库并且在数据库中输入了大量数据后，下一步工作便是从数据库中找出有价值的数据。此时可以创建"查询"完成工作。例如，通过"职工信息"表创建"职工信息查询"表，如图1-23所示。

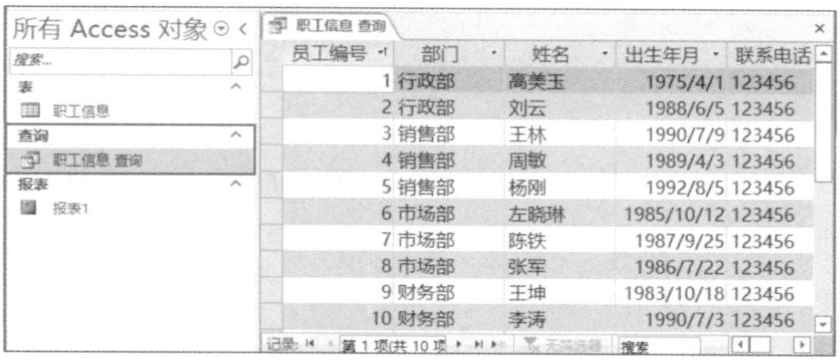

图 1-23

1.4.3 生成窗体

窗体好比记录单，是Access提供的可以输入数据的"对话框"，使用户在输入数据时感到界面比较友好。一个窗体可以包括多张表的字段，输入数据时，用户不必在表与表之间来回切换。

窗体在数据库系统中的应用可以极大地提高数据操作的安全性，还可以丰富操作界面。在Access中，一方面可以创建窗体来直接查看、输入和更改表中数据，另一方面也可以通过创建的窗体来实现功能的选择。利用"教师信息"表创建窗体的效果如图1-24所示。

图 1-24

1.4.4 打印报表

工作中经常需要将各种数据或查询结果以书面报表的形式与同事或上级进行交流。在Access中，可以通过创建报表来分析数据或以特定方式打印出来，例如打印"采购统计表"，如图1-25所示。

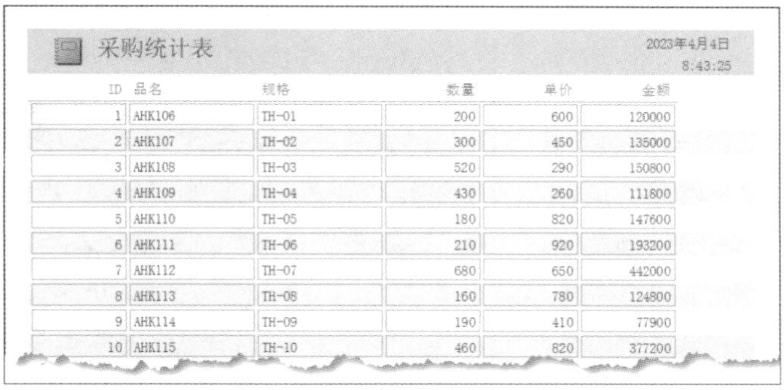

图 1-25

1.4.5 其他功能

Access除了上述常用的基本功能外，还可以共享数据、支持超级链接，并可以创建应用系统。

1. 共享数据

Access本身不但具有强大、方便的数据管理功能，而且提供与其他应用程序的接口，即数据的导入及导出。通过这些功能，可以将其他系统的数据库数据导入或链接到Access的数据库中，将Access的数据库导出到其他系统的数据库中。

2. 支持超级链接

超级链接是浏览器中一段比较醒目的文本或一个图标，单击超级链接，浏览器中的页面就会跳转到该链接所指向的网络对象。在Access中，可以将某个字段的数据类型定义成超级链接，并且将Internet网络或局域网中的某个对象赋予这个超级链接，这样在数据表或窗体中单击超级链接字段时，就可以启动浏览器并进入该链接所指向的对象。

3. 创建应用系统

Access提供的宏和VBA可以将各种数据库对象连接在一起，从而形成一个数据库应用系统，可以通过使用数据库应用系统完成不同的操作，提高工作效率。另外，Access还提供切换面板管理器，可以将已经建立的各种数据库对象连接在一起，形成需要的应用系统。

4. 宏和代码

宏是包含一个或多个操作的集合，使用宏可以自动完成这些操作。代码就是用语言编写的程序段，用来定义比较复杂的功能。

案例实战——工作界面的个性化设置

用户在使用Access时，可以根据个人喜好或操作需要对软件的界面进行设置，例如更改界面颜色、开启或关闭功能说明屏幕提示等。

Step 01 打开任意Access文件，单击左上角的"文件"按钮，如图1-26所示。

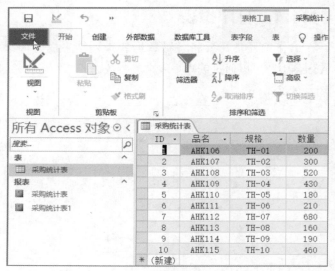

图 1-26

Step 02 打开"文件"菜单，单击界面右下角的"选项"按钮，如图1-27所示。

图 1-27

Step 03 弹出"Access选项"对话框，在"常规"界面中的"用户界面选项"组中单击"屏幕提示样式"下拉按钮，通过下拉列表中提供的选项可设置是否在屏幕提示中显示功能说明，或不显示屏幕提示，如图1-28所示。

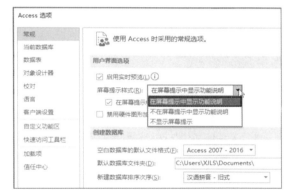

图 1-28

Step 04 通过勾选或取消勾选"在屏幕提示中显示快捷键"复选框，可控制是否在屏幕提示中显示快捷键，如图1-29所示。

图 1-29

Step 05 在"对Microsoft Office进行个性化设置"组中单击"Office主题"下拉按钮，通过下拉列表中的选项可更改界面的颜色，设置完成后单击"确定"按钮，如图1-30所示。

Step 06 Access的界面颜色即可得到相应更改，将光标移动到任意按钮上方时，屏幕中会显示该按钮的功能说明，如图1-31所示。

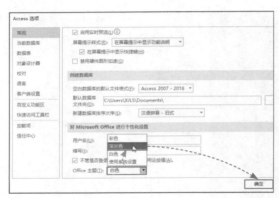

图 1-30

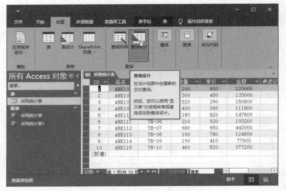

图 1-31

知识延伸

　　当"Access选项"对话框中的"在屏幕提示中显示快捷键"复选框为勾选状态时，在键盘上按Alt键或F10键，功能区中各选项卡下方以及快速访问工具栏中的各命令按钮下方等，会显示对应的字母快捷键，如图1-32所示。

图 1-32

　　操作键盘可快速执行需要的命令。例如，根据屏幕提示按C键，打开"创建"选项卡，此时该选项卡中的每个按钮旁边都会提示快捷键，如图1-33所示。

　　按P键，系统随即执行"应用程序部件"命令，打开相应的下拉列表。按↑、↓、←、→键可在下拉列表中切换选项，按Enter键可执行相应操作，如图1-34所示。

图 1-33

图 1-34

新手答疑

1. Q: 桌面上没有 Access 快捷图标，如何启动软件？

    A: 可以在"开始"菜单中启动，单击计算机屏幕左下角的"开始"按钮，在"开始"菜单中找到Access图标并单击，即可启动Access软件，如图1-35所示。

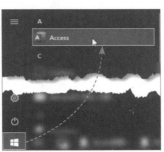

图 1-35

2. Q: 如何快速打开最近使用过的 Access 文件？

    A: 启动Access，切换到"打开"界面，界面右侧显示了最近使用过的文件，将光标移动到要打开的文件上方，单击即可打开该文件，如图1-36所示。

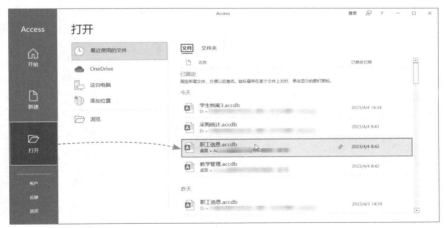

图 1-36

3. Q: 如何折叠及展开功能区？

    A: 在功能区的右下角单击 ⌃ 按钮（或按Ctrl+F1组合键），即可快速折叠功能区，如图1-37所示。

    功能区被折叠的状态下，打开任意选项卡，此时功能区右下角的按钮变成 ⊡ 形状，单击该按钮（或按Ctrl+F1组合键），即可展开功能区，如图1-38所示。

图 1-37

图 1-38

第2章
Access 的基本操作

Access属于功能强大、操作方便灵活的关系型数据库管理系统。它具有完整的数据库应用程序开发工具，可用于开发适合特定数据库管理的Windows应用程序。本章将对Access的基本操作进行详细介绍。

2.1 Access基本对象

数据库主要由表、查询、窗体、报表、宏和代码等基本对象组成，下面分别对这些基本对象的用途进行介绍。

2.1.1 表

如果把数据比作一滴滴的水，那么表就是盛水的容器。在数据库中，不同主题的数据存储在不同的表中，通过行与列来组织信息。每张表都由多条记录组成，每个记录为一行，每行又有多个字段，如图2-1所示。其中，用户可以设置一个或者多个字段为记录的关键字，这些字段就叫作“主键”。可以通过这些关键字来标识不同的记录。

ID	日期	供货商名称	货物名称	单据编号	计量单位	单价	采购数量	共计金额	已付金额	未付金额	经办人
1	2023/5/1	供货商1	货物1	DS0091	台	213	22	4686	3000	1686	丁安喜
2	2023/5/1	供货商1	货物2	DS0092	台	214	23	4922	3001	1921	丁安喜
3	2023/5/1	供货商1	货物3	DS0093	台	215	24	5160	3002	2158	丁安喜
4	2023/5/1	供货商1	货物4	DS0094	台	216	25	5400	3003	2397	丁安喜
5	2023/5/1	供货商1	货物5	DS0095	台	217	26	5642	3004	2638	丁安喜
6	2023/5/1	供货商2	货物6	DS0096	台	218	27	5886	3005	2881	丁安喜
7	2023/5/1	供货商2	货物7	DS0097	台	219	28	6132	3006	3126	丁安喜
8	2023/5/1	供货商2	货物8	DS0098	台	220	29	6380	3007	3373	丁安喜
9	2023/5/2	供货商2	货物9	DS0099	台	221	30	6630	3008	3622	丁安喜
10	2023/5/2	供货商2	货物10	DS0100	台	222	31	6882	3009	3873	丁安喜
11	2023/5/2	供货商2	货物11	DS0101	台	223	32	7136	3010	4126	丁安喜
12	2023/5/2	供货商3	货物12	DS0102	台	224	33	7392	3011	4381	丁安喜
13	2023/5/2	供货商3	货物13	DS0103	台	225	34	7650	3012	4638	丁安喜
14	2023/5/2	供货商3	货物14	DS0104	台	226	35	7910	3013	4897	丁安喜
15	2023/5/2	供货商3	货物15	DS0105	台	227	36	8172	3014	5158	丁安喜
16	2023/5/2	供货商3	货物16	DS0106	台	228	37	8436	3015	5421	丁安喜
17	2023/5/3	供货商3	货物17	DS0107	台	229	38	8702	3016	5686	丁安喜
18	2023/5/4	供货商3	货物18	DS0108	台	230	39	8970	3017	5953	丁安喜
19	2023/5/5	供货商3	货物19	DS0109	台	231	40	9240	3018	6222	丁安喜

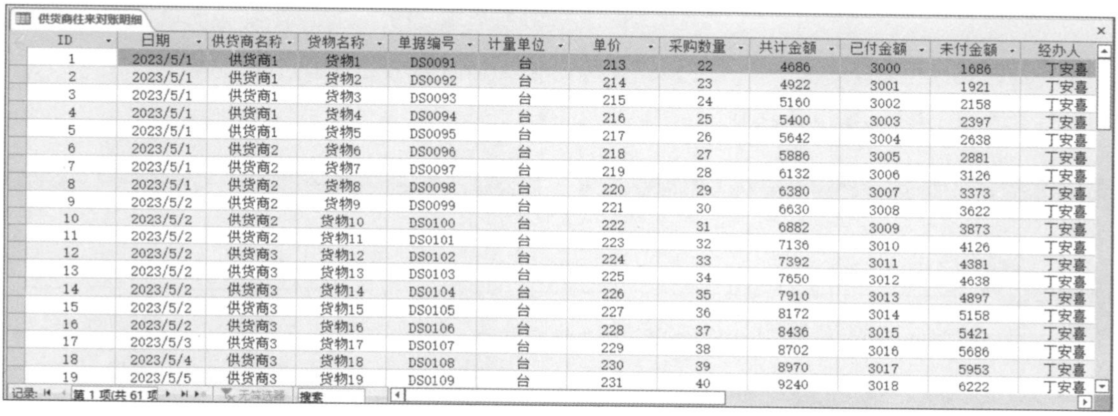

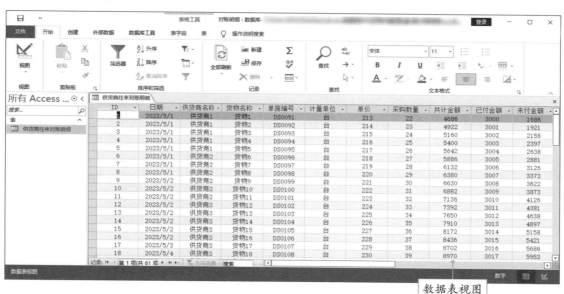

图 2-1

Access表有两种视图显示方式，分别为“数据表视图”和“设计视图”。打开表对象后的默认视图模式为“数据表视图”，在该视图模式中可以方便地查看、添加、删除和编辑表中的数据，如图2-2所示。

ID	日期	供货商名称	货物名称	单据编号	计量单位	单价	采购数量	共计金额	已付金额	未付金额
1	2023/5/1	供货商1	货物1	DS0091	台	213	22	4686	3000	1686
2	2023/5/1	供货商1	货物2	DS0092	台	214	23	4922	3001	1921
3	2023/5/1	供货商1	货物3	DS0093	台	215	24	5160	3002	2158
4	2023/5/1	供货商1	货物4	DS0094	台	216	25	5400	3003	2397
5	2023/5/1	供货商1	货物5	DS0095	台	217	26	5642	3004	2638
6	2023/5/1	供货商2	货物6	DS0096	台	218	27	5886	3005	2881
7	2023/5/1	供货商2	货物7	DS0097	台	219	28	6132	3006	3126
8	2023/5/1	供货商2	货物8	DS0098	台	220	29	6380	3007	3373
9	2023/5/2	供货商2	货物9	DS0099	台	221	30	6630	3008	3622
10	2023/5/2	供货商2	货物10	DS0100	台	222	31	6882	3009	3873
11	2023/5/2	供货商2	货物11	DS0101	台	223	32	7136	3010	4126
12	2023/5/2	供货商3	货物12	DS0102	台	224	33	7392	3011	4381
13	2023/5/2	供货商3	货物13	DS0103	台	225	34	7650	3012	4638
14	2023/5/2	供货商3	货物14	DS0104	台	226	35	7910	3013	4897
15	2023/5/2	供货商3	货物15	DS0105	台	227	36	8172	3014	5158
16	2023/5/2	供货商3	货物16	DS0106	台	228	37	8436	3015	5421
17	2023/5/3	供货商3	货物17	DS0107	台	229	38	8702	3016	5686
18	2023/5/4	供货商3	货物18	DS0108	台	230	39	8970	3017	5953

图 2-2

动手练 切换表视图模式

下面介绍如何切换视图模式。

Step 01 打开"开始"选项卡，单击"视图"下拉按钮，在下拉列表中选择"设计视图"选项，如图2-3所示。

Step 02 Access表随即切换到"设计视图"模式，如图2-4所示。在"设计视图"模式下可以方便地修改表的结构和定义字段的数据类型。

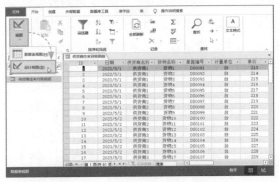

图 2-3

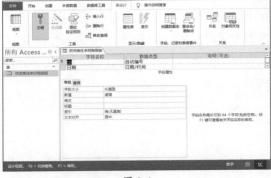

图 2-4

知识延伸

用户也可通过状态栏右侧的按钮快速切换表视图模式，如图2-5所示。

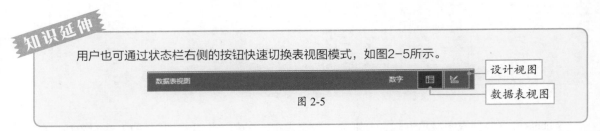

图 2-5

2.1.2 查询

建立数据库的主要目的是存储和提取信息。在输入数据后，可以立即从数据库中获取信息，也可以几年后再获取这些信息。查询即在一张或多张表内根据搜索准则查找某些特定的数据，并将其集中起来，形成一个全局性的集合，供用户查看。

由于数据是分表存储的，用户可以通过复杂的查询将多张表的"关键字"连接起来，如图2-6所示。将查询出来的数据组成一张新表，方便用户查询需要的数据信息。

图 2-6

Access提供了以下4种查询方式。

● **简单查询**。简单查询可以从选中的字段中创建选择查询。

- **交叉数据表查询**。查询数据不仅要在数据表中找到特定的字段、记录，有时还需对数据表进行统计、摘要，如求和、计数、求平均值等，这样就需要使用交叉数据表查询方式。
- **查找重复项查询**。查找重复项查询方式可以在单一表或查询中查找具有重复字段值的记录。
- **查找不匹配项查询**。查找不匹配项查询方式可以在一张表中查找那些在另一张表中没有相关记录的行。

动手练 创建多表查询

下面介绍创建多表查询的具体操作方法。

Step 01 打开包含多张表的Access文件，切换到"创建"选项卡，在"查询"组中单击"查询向导"按钮，如图2-7所示。

Step 02 弹出"新建查询"对话框，选择"简单查询向导"选项，单击"确定"按钮，如图2-8所示。

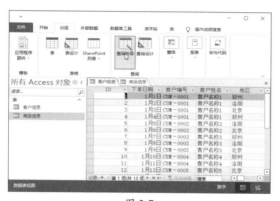

图 2-7

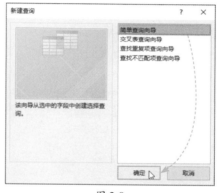

图 2-8

Step 03 打开"简单查询向导"对话框，在"表/查询"列表中选择一张表，随后在"可用字段"列表框中选择要创建查询的选项，单击 > 按钮，如图2-9所示。

Step 04 所选字段随即被添加到右侧的"选定字段"列表框中，随后继续添加其他字段，如图2-10所示。

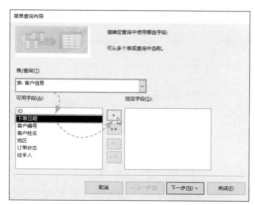

图 2-9

图 2-10

Step 05 单击"表/查询"下拉按钮，在下拉列表中选择其他表，如图2-11所示。

Step 06 参照上述步骤，将该表中的指定字段添加到"选定字段"列表中，字段添加完成后单击"下一步"按钮，如图2-12所示。

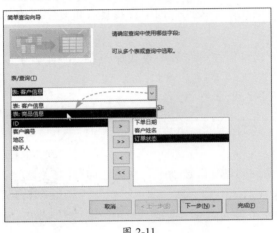

图 2-11

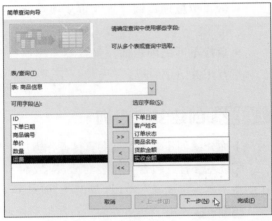

图 2-12

Step 07 保持"明细（显示每个记录的每个字段）"单选按钮为选中状态，单击"下一步"按钮，如图2-13所示。

Step 08 在"请为查询指定标题"文本框中输入查询的标题，最后单击"完成"按钮，如图2-14所示。

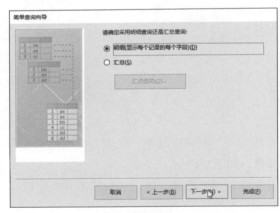

图 2-13

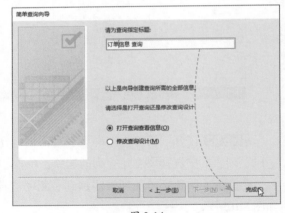

图 2-14

Step 09 数据库中随即根据两张表中的指定字段创建查询，如图2-15所示。

注意事项 根据多表字段创建查询前需要先为这些表创建关系。创建表关系的具体操作请参考本书第3章相关知识。

图 2-15

2.1.3　窗体

窗体好比记录单，是Access提供的可以输入数据的"对话框"，使用户在输入数据时感到非常便捷。一个窗体可以包括多张表的字段，输入数据时，用户不必在表与表之间来回切换，如图2-16所示。

图 2-16

动手练 **创建窗体**

下面介绍创建窗体的具体操作方法。

Step 01 在导航窗格中选择要创建窗体的表，打开"创建"选项卡，在"窗体"组中单击"窗体"按钮，如图2-17所示。

Step 02 数据库中随即自动创建窗体。右击窗体标签，在弹出的快捷菜单中选择"保存"选项，如图2-18所示。

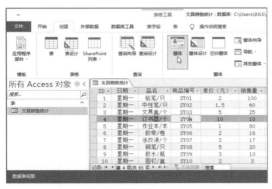

图 2-17

图 2-18

Step 03 在弹出的"另存为"对话框中设置好"窗体名称"并单击"确定"按钮，即可保存该窗体，如图2-19所示。

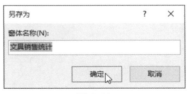

图 2-19

2.1.4 报表

表用来存储信息，窗体用来编辑和浏览信息，查询用来检索和更新信息，但是如果不能将这些信息以便于使用的格式输出，那么信息就不能以有效的方式传达给用户，信息管理的目标也就不能说已经完全得以实现，因此，有必要将信息以分类形式输出。要实现此功能，报表是很好的选择。

报表可用来将选定的数据信息进行格式化显示和打印。报表可以基于某一数据表，也可以基于某一查询结果，这个查询结果可以是在多张表之间的关系查询结果。报表在打印之前可以进行打印预览，如图2-20所示。

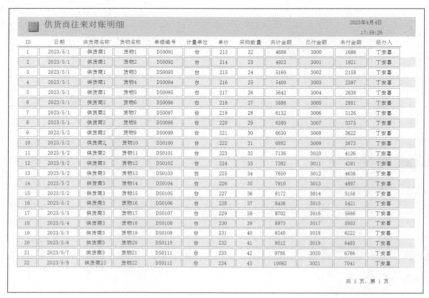

图 2-20

动手练 创建报表

下面介绍创建报表的具体操作方法。

Step 01 在导航窗格中选择需要创建报表的表，打开"创建"选项卡，单击"报表"按钮，如图2-21所示。

Step 02 数据库中随即自动创建相应报表，如图2-22所示。

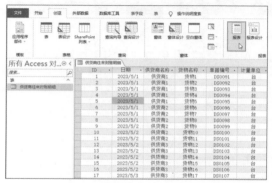

图 2-21

图 2-22

Step 03 默认创建的报表列宽也许不太合适，此时用户可手动调整每列的宽度，选中要调整宽度的列中的任意一个单元格，将光标移动到该列右侧，光标变成双向箭头，如图2-23所示。

Step 04 按住鼠标左键拖动光标即可调整该列的宽度，如图2-24所示。

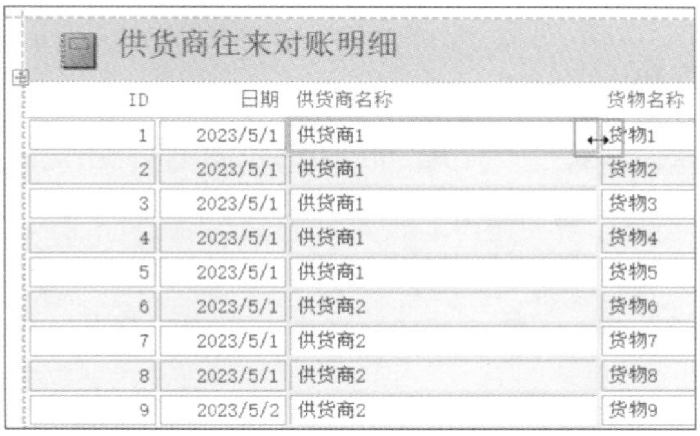
供货商往来对账明细
ID
日期
供货商名称
货物名称
1 2023/5/1 供货商1 货物1
2 2023/5/1 供货商1 货物2
3 2023/5/1 供货商1 货物3
4 2023/5/1 供货商1 货物4
5 2023/5/1 供货商1 货物5
6 2023/5/1 供货商2 货物6
7 2023/5/1 供货商2 货物7
8 2023/5/1 供货商2 货物8
9 2023/5/2 供货商2 货物9

图 2-23

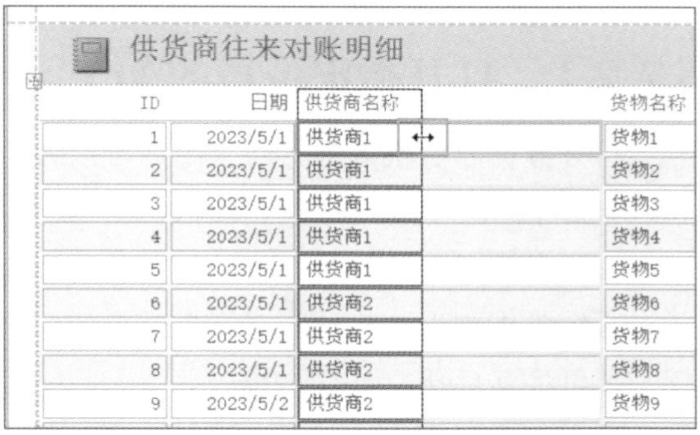
供货商往来对账明细
ID
日期
供货商名称
货物名称
1 2023/5/1 供货商1 货物1
2 2023/5/1 供货商1 货物2
3 2023/5/1 供货商1 货物3
4 2023/5/1 供货商1 货物4
5 2023/5/1 供货商1 货物5
6 2023/5/1 供货商2 货物6
7 2023/5/1 供货商2 货物7
8 2023/5/1 供货商2 货物8
9 2023/5/2 供货商2 货物9

图 2-24

2.1.5 宏

用户可以设计一个宏来控制一系列操作，当执行这个宏时，就会按这个宏的定义依次执行相应的操作。

2.1.6 模块

模块是Access提供的VBA语言所编写的程序段。模块有两个基本类型：类模块和标准模块。模块中的每一个过程都可以是一个函数过程或一个子程序。

2.1.7 页

页使Access与Internet紧密结合起来，在Access中，用户可以直接建立Web页，通过Web页，用户可以方便、快捷地将所有文件作为Web发布程序存储到指定的文件夹，或者将其复制到Web服务器上，以便在网络上发布信息。

2.1.8 Access对象之间的关系

所有数据库之间通过关系、宏及模块联系。表之间的应用主要表现在查询中。因为创建查询主要依据表之间的关系，如果表之间不存在关系，就没有创建查询的必要。结合型窗体、报表及数据访问页以表或查询为基础，非结合型窗体和报表仅是窗体和报表功能的扩展。设计宏和模块的主要目的是进一步扩展数据库功能，增加数据库管理的自动化程序，以提高数据库管理的效率。

2.2 打开数据库

Access文件的打开和关闭是使用数据库时最基础的操作，且操作方法不止一种，下面详细介绍如何打开及关闭数据库。

2.2.1 打开指定位置的Access数据库

打开数据库有很多种方法，用户可以先启动软件，通过"打开"界面中的选项打开指定的Access文件，也可直访问文件保存位置，找到相应文件后将其打开。

首先启动Access软件，单击"打开"按钮，在打开的界面中单击"浏览"按钮，如图2-25所示。系统随即弹出"打开"对话框，找到要打开的Access文件，并将其选中，单击"打开"按钮，即可将其打开，如图2-26所示。

图 2-25

图 2-26

2.2.2 打开最近使用过的Access文件

Access将最近使用过的文件集中在一个特定的区域显示，用户在启动Access后便可以很快找到之前使用过的文件，继续未完成的工作。

启动Access软件，切换到"打开"界面，保持"最近使用的文件"为选中状态，界面的右侧可以查看最近使用过的Access文件，单击即可打开相应文件，如图2-27所示。单击"文件夹"按钮，在该界面中可根据文件夹找到要使用的Access文件，并将其打开，如图2-28所示。

图 2-27

图 2-28

动手练 固定常用的Access数据库

用户可以对常用的数据库文件进行固定，方便以后查找和使用。下面将介绍具体操作方法。

Step 01 启动Access软件。切换到"打开"界面，将光标移动到要固定的数据库上方，单击"将此项目固定到列表"按钮 ，如图2-29所示。

Step 02 所选数据库随即被固定，被固定的数据库随即显示在顶端的"已固定"区域，如图2-30所示。

图 2-29   图 2-30

Step 03 另外，在"开始"界面中单击"已固定"按钮，也可查看所有被固定的数据库，如图2-31所示。

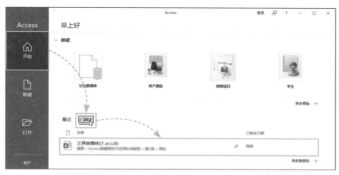

图 2-31

2.3 数据库的创建与保存

在使用Access的过程中，首先应该学会如何创建数据库。用户可以根据需要创建空白数据库，或通过模板创建数据库。

2.3.1 创建空白数据库

没有任何对象的数据库就是空数据库。下面介绍如何创建空数据库，具体的操作步骤如下。

Step 01 双击桌面上的Access图标，如图2-32所示。

Step 02 启动Access应用程序，单击"空白数据库"按钮，如图2-33所示。

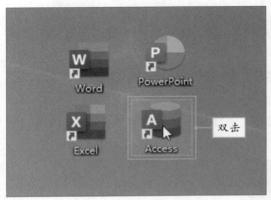

图 2-32

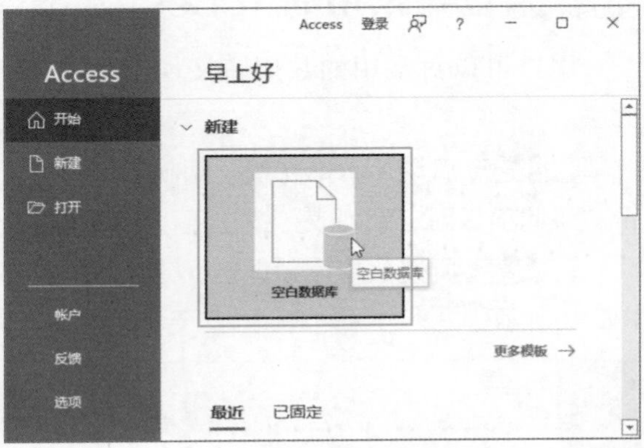

图 2-33

Step 03 在随后弹出的对话框中输入文件名，随后单击文件名右侧的▣按钮，如图2-34所示。

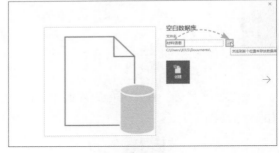

图 2-34

Step 04 弹出"文件新建数据库"对话框，选择文件的保存位置，单击"确定"按钮，如图2-35所示。

图 2-35

Step 05 返回上一级对话框，单击"创建"按钮，如图2-36所示。

Step 06 系统随即创建空白数据库，并自动打开，如图2-37所示。

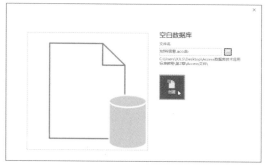

图 2-36

图 2-37

动手练 创建模板数据库

对于初学者来说，刚开始使用数据库管理数据时，会不知从何处入手，用户可以通过模板来创建数据库，下面以通过联机模板创建数据库为例进行介绍，具体的操作步骤如下。

Step 01 启动Access应用程序，打开"新建"界面，单击需要的模板类型，或在文本框中输入关键字，搜索需要的模板类型，如图2-38所示。

Step 02 在搜索到的模板列表中选择"项目"选项，如图2-39所示。

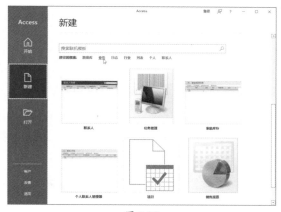

图 2-38

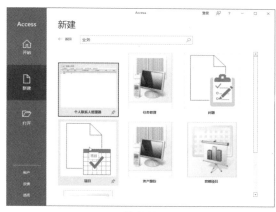

图 2-39

Step 03 在弹出的对话框中设置文件名及文件保存位置，单击"创建"按钮，如图2-40所示。

图 2-40

Step 04 Access会在下载模板完成后，自动打开该模板文件，如图2-41所示。

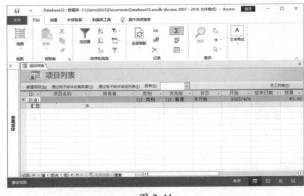

图 2-41

2.3.2 保存数据库

在数据库中执行操作后要及时保存，以免因软件意外退出、死机、计算机突然断电等情况造成数据丢失。保存数据库的常用方法包括以下三种。

1. 使用"保存"按钮保存数据库

Step 01 单击快速访问工具栏中的"保存"按钮可保存数据库，如图2-42所示。若为新建数据库，在执行保存操作后，系统会弹出"另存为"对话框，用户需要在该对话框中设置表名称，如图2-43所示。

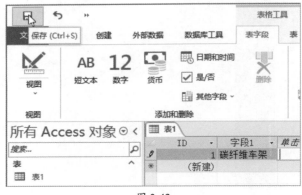

图 2-42

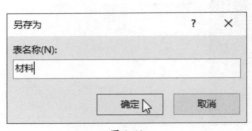

图 2-43

2. 在"文件"菜单中保存数据库

单击"文件"按钮，进入"文件"菜单，单击"保存"选项，即可保存数据库，如图2-44所示。

3. 使用快捷键保存数据库

用户也可以使用快捷键快速保存数据库，保存数据库的快捷键为Ctrl+S。

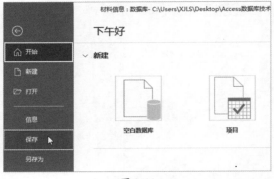

图 2-44

2.3.3 "另存为"操作

如果用户需要对数据库文件进行备份，可以对文件执行"另存为"操作。"另存为"操作最大的好处是，在不改变原文件的基础上对其进行多次备份，以防止数据意外丢失。下面介绍"另存为"操作的具体步骤。

Step 01 打开"文件"菜单，选择"另存为"选项，如图2-45所示。

Step 02 在"另存为"界面中选择"数据库另存为"选项，如图2-46所示。

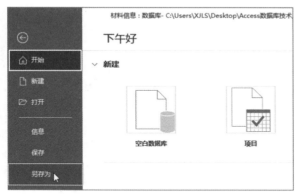

图 2-45

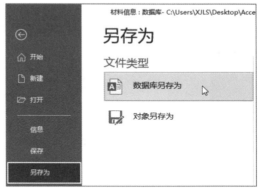

图 2-46

Step 03 此时若数据库中有未关闭的表或其他对象，系统会弹出警告对话框，单击"是"按钮，将所有对象关闭，如图2-47所示。

Step 04 在弹出的"另存为"对话框中选择文件保存路径，用户也可根据需要修改文件名，最后单击"保存"按钮，即可完成"另存为"操作，如图2-48所示。

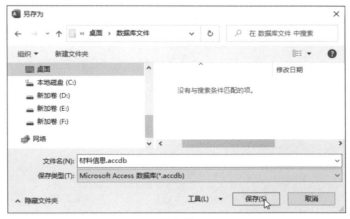

图 2-47

图 2-48

知识延伸

当为数据库指定的另存为路径（保存位置）与原文件相同时，另存为的文件名不能和原文件相同，否则会弹出警告对话框，如图2-49所示。此时可单击"否"按钮，关闭对话框，在"另存为"对话框中修改文件名后继续完成"另存为"操作。

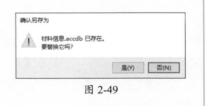

图 2-49

动手练 将数据库另存为兼容格式

将数据库另存为兼容格式可以保证文件与不同版本的Access软件兼容，让使用高版本制作的数据库文件能够在低版本的Access软件中打开。下面介绍如何将数据库另存为兼容格式。

Step 01 在"文件"菜单中选择"另存为"选项，在"数据库另存为"列表中双击"Access 2002-2003数据库（*.mdb）"选项，如图2-50所示。

Step 02 在弹出的"另存为"对话框中选择文件路径，单击"保存"按钮，即可将数据库另存为兼容格式，如图2-51所示。

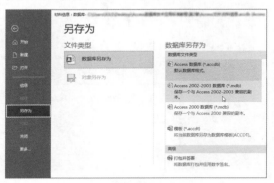

图 2-50

图 2-51

知识延伸

数据库默认的文件后缀名为".accdb"，兼容格式的数据库文件后缀名为".mdb"，不同格式的数据库文件其图标也稍有不同，如图2-52所示。

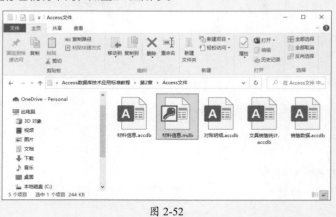

图 2-52

动手练 重命名数据库

用户可通过"另存为"操作为数据库重命名。但是这样一来便多出了一个副本。若只想保留一份文件，则需要将原文件删除。如此来回操作比较麻烦。此时用户可直接为指定的数据库进行重命名。

Step 01 在计算机中找到需要重命名的数据库文件（需保证该文件为关闭状态），右击文件图标，在弹出的快捷菜单中选择"重命名"选项，如图2-53所示。

Step 02 文件名称随即变为可编辑状态，删除原名称，输入新的名称。输入完毕后按Enter键确认，即可完成重命名操作，如图2-54所示。

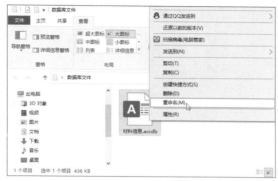

图 2-53

图 2-54

2.4 数据库记录的整理

当数据库中的数据比较多时，为了更好地分析和处理这些数据，可以对数据记录进行适当整理，例如查找或替换数据、排序和筛选数据等。

2.4.1 查找数据

若想要从数据库的大量数据中找出需要的信息，可使用"查找"功能进行操作。下面介绍具体操作方法。

Step 01 打开要查找其中数据的表，在"开始"选项卡中单击"查找"按钮，如图2-55所示。

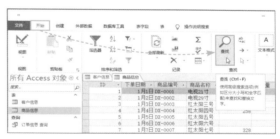

图 2-55

Step 02 弹出"查找和替换"对话框，在"查找内容"文本框中输入要查找的内容，单击"查找范围"下拉按钮，在下拉列表中选择"当前文档"选项，如图2-56所示。

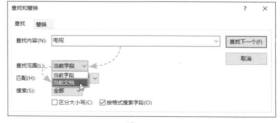

图 2-56

Step 03 单击"匹配"下拉按钮，在下拉列表中选择"字段任何部分"选项，如图2-57所示，随后单击"查找下一个"按钮。

Step 04 表中随即自动选中要查找的内容，如图2-58所示。当查找的内容在表中不止出现一次时，在"查找和替换"文本框中继续单击"查找下一个"按钮，可依次选中要查找的内容。

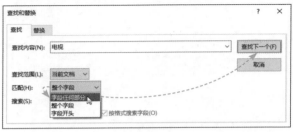

图 2-57

图 2-58

 动手练 替换数据

在实际工作中，有时需要对名称相同的数据进行更改，若要一个个寻找，然后再进行修改，会很费时又费力。此时用户可以使用Access提供的替换功能，快速地替换数据。下面介绍替换数据的具体操作方法。

Step 01 打开要替换其中内容的数据库。在"开始"选项卡中单击"替换"按钮，如图2-59所示。

Step 02 弹出"查找和替换"对话框，在"查找内容"文本框中输入"电视"，在"替换为"文本框中输入"液晶电视"，保持"查找范围"为"当前文档"，"匹配"为"字段任何部分"，单击"全部替换"按钮，如图2-60所示。

图 2-59

图 2-60

Step 03 系统随即弹出警告对话框，提示"您将不能撤销该替换操作"，单击"是"按钮确认，如图2-61所示。

Step 04 表中所有"电视"文本随即被批量替换为"液晶电视"，如图2-62所示。

图 2-61

ID	下单日期	商品编号	商品名称	单价
1	1月1日	DX-0001	液晶电视21寸	188
2	1月2日	DX-0002	液晶电视29寸	
3	1月3日	DX-0003	红太阳三号	220
4	1月4日	DX-0004	红太阳四号	258
5	1月5日	DX-0005	红太阳五号	
6	1月6日	DX-0006	红太阳六号	
7	1月7日	DX-0007	红太阳七号	328
8	1月8日	DX-0008	红太阳八号	368
9	1月9日	DX-0009	液晶电视21寸	
10	1月10日	DX-0010	液晶电视29寸	
11	1月11日	DX-0011	新概念一号	400

图 2-62

2.4.2 数据排序

若想让表中的某个字段内容的数据按照指定的顺序进行排列，可以对该字段进行排序。例如按"升序"排列"文具销售统计"表中的"销售量"。

Step 01 打开"文具销售统计"表，单击"销售量"字段标题中的下拉按钮，在展开的筛选器中选择"升序"选项，如图2-63所示。

Step 02 "销售量"字段中的数字随即按照升序（从小到大）重新排列，如图2-64所示。

图 2-63

图 2-64

Step 03 若要让表中的数据恢复到排序之前的排列顺序，可以打开"开始"选项卡，在"排序和筛选"组中单击"取消排序"按钮，如图2-65所示。

图 2-65

2.4.3 筛选信息

若要在表中筛选出指定的信息可以使用筛选器进行操作。根据字段中数据类型的不同，筛选器中会提供相应的筛选项目。

Step 01 单击"日期"字段标题中的下拉按钮，在下拉列表中取消"全选"复选框的勾选，随后只勾选"星期三"复选框，单击"确定"按钮，如图2-66所示。

Step 02 表中随即筛选出所有"星期三"的数据信息，如图2-67所示。

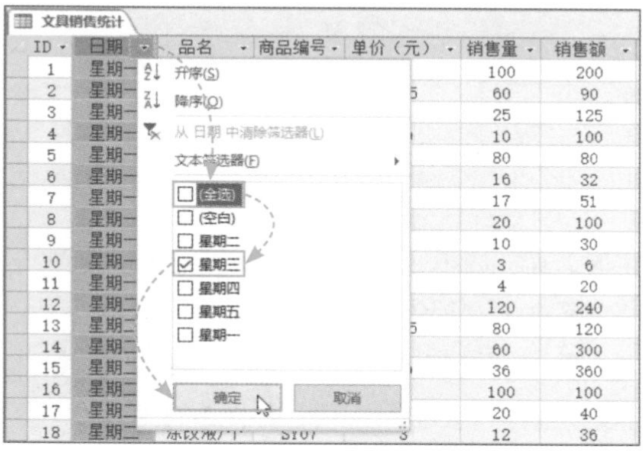

图 2-66

图 2-67

动手练 根据关键字筛选信息

筛选文本字段时，可以根据关键字进行筛选，例如从"文具销售统计"表中筛选出所有"品名"中带有"笔"的信息。

Step 01 单击"品名"字段标题中的下拉按钮，在展开的筛选器中选择"文本筛选器"选项，在其下级列表中选择"包含"选项，如图2-68所示。

Step 02 弹出"自定义筛选"对话框。在文本框中输入"笔"，单击"确定"按钮，如图2-69所示。

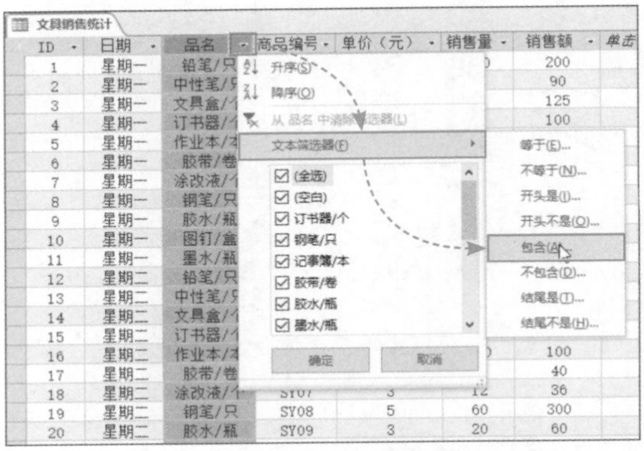

图 2-68

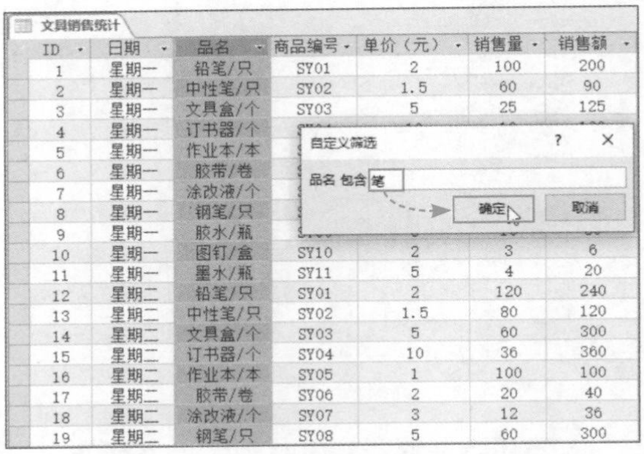

图 2-69

Step 03 "文具销售统计"表中随即筛选出所有"品名"中包含"笔"的信息，如图2-70所示。

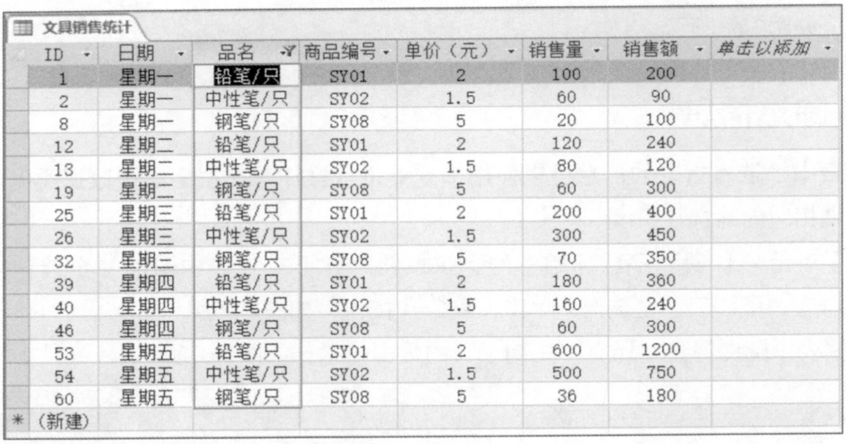

ID	日期	品名	商品编号	单价（元）	销售量	销售额	单击以添加
1	星期一	铅笔/只	SY01	2	100	200	
2	星期一	中性笔/只	SY02	1.5	60	90	
8	星期一	钢笔/只	SY08	5	20	100	
12	星期二	铅笔/只	SY01	2	120	240	
13	星期二	中性笔/只	SY02	1.5	80	120	
19	星期二	钢笔/只	SY08	5	60	300	
25	星期三	铅笔/只	SY01	2	200	400	
26	星期三	中性笔/只	SY02	1.5	300	450	
32	星期三	钢笔/只	SY08	5	70	350	
39	星期四	铅笔/只	SY01	2	180	360	
40	星期四	中性笔/只	SY02	1.5	160	240	
46	星期四	钢笔/只	SY08	5	60	300	
53	星期五	铅笔/只	SY01	2	600	1200	
54	星期五	中性笔/只	SY02	1.5	500	750	
60	星期五	钢笔/只	SY08	5	36	180	
*（新建）							

图 2-70

动手练 筛选销售额大于500的信息

当要筛选的字段包含的数据为数字时，筛选器中会提供"数字筛选器"选项。下面利用该选项从"文具销售统计"表中筛选出"销售额"大于500的信息。

Step 01 打开"文具销售统计"表，单击"销售额"字段标题中的下拉按钮，在筛选器中选择"数字筛选器"选项，在其下级列表中选择"大于"选项，如图2-71所示。

Step 02 在弹出的"自定义筛选"对话框的文本框中输入"500"，单击"确定"按钮，如

图2-72所示。

图 2-71 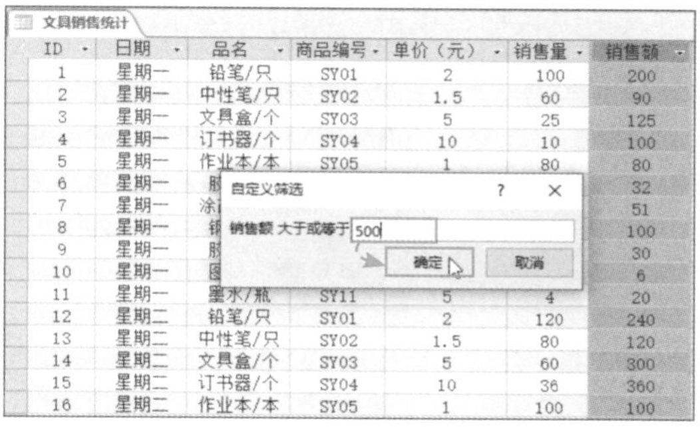　　　　　　　　　　　　　　　图 2-72

Step 03 "文具销售统计"表中随即筛选出销售额大于500的所有信息，如图2-73所示。

ID	日期	品名	商品编号	单价（元）	销售量	销售额	单击以添加
27	星期三	文具盒/个	SY03	5	120	600	
28	星期三	订书器/个	SY04	10	52	520	
29	星期三	作业本/本	SY05	1	600	600	
37	星期三	书包/个	SY13	80	25	2000	
43	星期四	作业本/本	SY05	1	600	600	
51	星期四	书包/个	SY13	80	40	3200	
53	星期五	铅笔/只	SY01	2	600	1200	
54	星期五	中性笔/只	SY02	1.5	500	750	
56	星期五	订书器/个	SY04	10	50	500	
57	星期五	作业本/本	SY05	1	800	800	
58	星期五	胶带/卷	SY06	2	360	720	
64	星期五	记事簿/本	SY12	8	255	2040	
65	星期五	书包/个	SY13	80	25	2000	
*（新建）							

图 2-73

案例实战——向数据库中导入外部数据

在通过Access程序构建数据时，如果需要使用的数据已经在Excel中保存，则无须逐一在数据库中手动输入数据，可以直接将Excel表格导入到Access数据库中。下面以导入装修费用信息为例进行介绍，具体操作步骤如下。

Step 01 启动Access应用程序，单击"空白数据库"按钮，如图2-74所示。

Step 02 在打开的对话框中输入文件名为"装修费用"，随后单击右侧的 按钮，如图2-75所示。

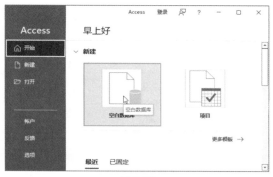

图 2-74

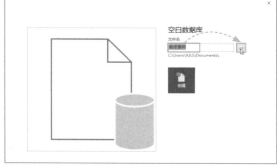

图 2-75

Step 03 弹出"文件新建数据库"对话框，选择好文件保存位置，在"文件名"文本框中输入文件名称，单击"确定"按钮，如图2-76所示。

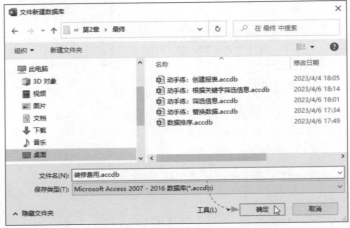

图 2-76

Step 04 返回上一级对话框，单击"创建"按钮，如图2-77所示。

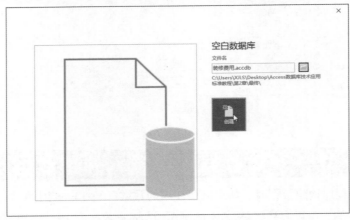

图 2-77

Step 05 系统随即创建一份空白数据库，效果如图2-78所示。

Step 06 打开"外部数据"选项卡，在"导入并链接"组中单击"新数据源"按钮，在下拉列表中选择"从文件"选项，在其下级列表中选择"Excel"选项，如图2-79所示。

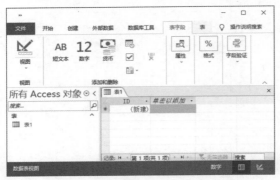

图 2-78

图 2-79

Step 07 打开"获取外部数据-Excel电子表格"对话框，单击"浏览"按钮，如图2-80所示。

Step 08 弹出"打开"对话框，选择要导入其中数据的Excel文件，单击"打开"按钮，如图2-81所示。

图 2-80

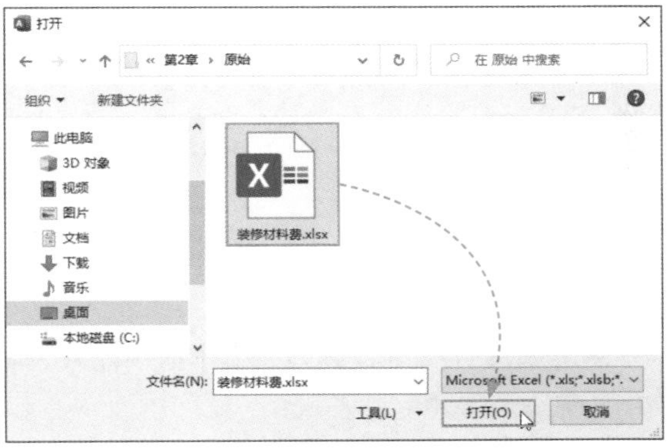

图 2-81

Step 09 返回"获取外部数据-Excel电子表格"对话框，单击"确定"按钮，如图2-82所示。

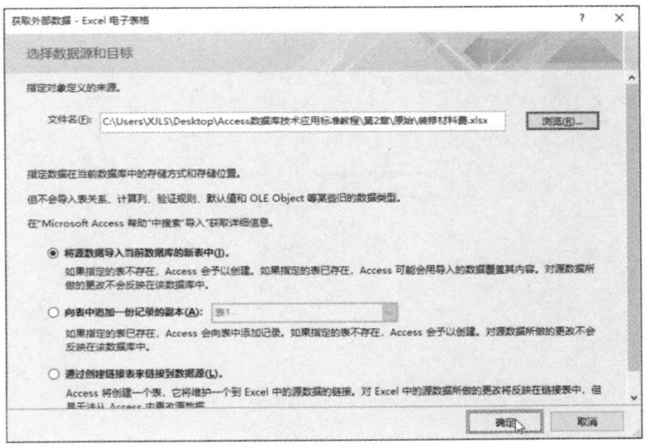

图 2-82

Step 10 进入"导入数据表向导"对话框，保持对话框中的选项为默认，单击"下一步"按钮，如图2-83所示。

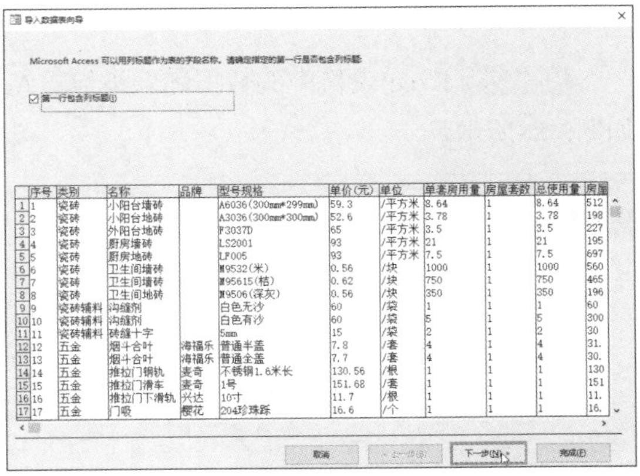

图 2-83

Step 11 选中"序号"字段，勾选"不导入字段（跳过）"复选框，单击"下一步"按钮，如图2-84所示。

Step 12 保持对话框中的选项为默认，单击"下一步"按钮，如图2-85所示。

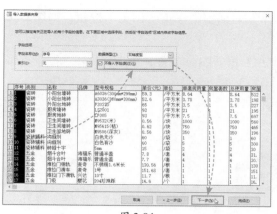

图 2-84

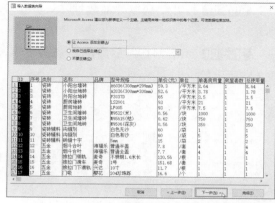

图 2-85

Step 13 在"导入到表"文本框中输入表名称为"装修材料信息"，单击"完成"按钮，如图2-86所示。

Step 14 打开"获取外部数据-Excel电子表格"对话框，单击"关闭"按钮关闭对话框，如图2-87所示。

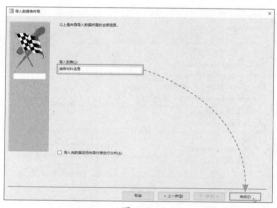

图 2-86

图 2-87

Step 15 Excel表格中的数据随即被导入Access数据库中，并自动生成"装修材料信息"表，如图2-88所示。

图 2-88

 新手答疑

1. Q：如何设置默认的文件格式？

A：Access文件默认的文件格式为"Access 2007-2016"，其后缀名为".accdb"。用户可以通过"Access选项"对话框将默认的文件格式修改为"Access 2000"或"Access 2002-2003"。具体操作方法为：打开"文件"菜单，选择"选项"选项，如图2-89所示。弹出"Access选项"对话框，在"常规"界面中单击"空白数据库的默认文件格式"下拉按钮，通过下拉列表中提供的选项可更改文件默认格式，设置完成后单击"确定"按即可，如图2-90所示。

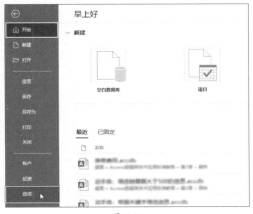

图 2-89

图 2-90

2. Q：如何清除表的筛选？

A：对表中的字段执行筛选后可以在"开始"选项卡中的"排序和筛选"组内单击"切换筛选"按钮，清除筛选，如图2-91所示。

图 2-91

3. Q：如何为数据库设置密码保护？

A：在"文件"菜单中打开"信息"界面。单击"用密码进行加密"按钮，在弹出的"设置数据库密码"对话框中设置密码，单击"确定"按钮，若弹出警告对话框，则单击"确定"按钮，即可完成密码设置，如图2-92所示。

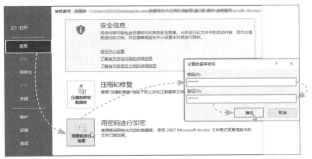

图 2-92

第3章
表的构建

　　表是存储数据的容器，也是数据库中最关键的部分。其他数据库对象，如查询、窗体、报表等都需要在表的基础上建立并使用。为了使用Access管理数据，在空数据库创建好后，还要创建相应的表。本章将详细介绍表的创建及应用。

3.1 表的创建及基本操作

创建数据库后，可以在表中存储数据，下面先从设计表的原则开始讲解，然后介绍几种创建表的方法。

3.1.1 设计表的原则

表是由行和列组成的基于特定主题的列表，即相关数据的集合。每个主题使用一张单独的表，即用户只需使用和存储该数据一次，这样可以提高数据库的效率，减少数据输入错误。以下原则可以为数据库中表的创建提供一些参考：重复信息（也称为冗余数据）会浪费空间，并会增加出错和不一致的可能性。信息的正确性和完整性非常重要，若数据库中包含不正确的信息，任何从数据库中提取信息的报表也将包含不正确的信息。因此，基于这些报表所做的任何决策都将提供错误信息。

在设计表时要注意，将信息分到基于主题的表中，以减少冗余数据；向Access提供根据需要连接表中信息时所需的信息；确定可帮助的支持和确保信息的准确性和完整性以满足数据处理和报表需求。

3.1.2 新建空白表

新建的空白数据库中默认包含一张名称为"表1"的空表。若要继续向数据库中添加更多表，可以参照以下步骤操作。

Step 01 打开"创建"选项卡，在"表格"组中单击"表"按钮，如图3-1所示。

Step 02 数据库中随即创建一张新的空白表，默认名称为"表2"，如图3-2所示。用户可使用此方法继续创建新表。

图 3-1

图 3-2

动手练 保存表

数据库中默认包含的表及新建的表需要及时保存，若不保存，则在关闭数据库时这些表将被自动删除。

Step 01 右击需要保存的表的标签，此处右击"表1"标签，在弹出的快捷菜单中选择"保存"选项，如图3-3所示。

Step 02 弹出"另存为"对话框，在"表名称"文本框中输入"产品信息"，随后单击"确定"按钮，如图3-4所示。

图 3-3

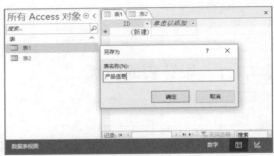

图 3-4

Step 03 "表1"的名称随即更改为"产品信息"，此时该表已经被保存，如图3-5所示。

Step 04 参照上述方法还可以继续为数据库中的其他表定义名称并保存，如图3-6所示。

图 3-5

图 3-6

知识延伸

用户也可通过快速访问工具栏中的"保存"按钮，或使用Ctrl+S组合键快速保存表，如图3-7所示。

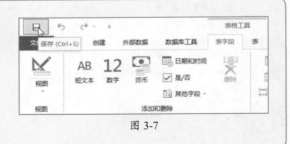

图 3-7

动手练 打开及关闭表

在对表进行各项操作前要掌握如何打开及关闭表，这些属于表的基本操作。打开及关闭表的方法不止一种。用户可根据需要选择合适的操作方法。

1.打开表

方法一：在导航窗格中双击指定的表，即可将该表打开。

方法二：在导航窗格中右击指定的表，在弹出的快捷菜单中选择"打开"选项，也可将该表打开，如图3-8所示。

2. 关闭表

方法一：在编辑区右击表标签，在弹出的快捷菜单中选择"关闭"选项，即可将该表关闭，如图3-9所示。

方法二：单击编辑区右上角的⊠按钮，即可关闭当前打开的表。

图 3-8

图 3-9

3.1.3 使用模板创建表

用户要创建"联系人""任务""问题""事件"或"资产"类表时，可以直接使用Access附带的关于这些主题的表模板进行操作，在创建表的同时还会创建相关的窗体和报表。下面介绍使用模板创建表的具体操作步骤。

Step 01 创建空白数据库，打开"创建"选项卡，在"模板"组中单击"应用程序部件"下拉按钮，在下拉列表中选择"联系人"选项，如图3-10所示。

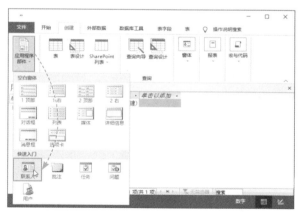

图 3-10

Step 02 系统随即弹出警告对话框，提示需要关闭数据库中的所有对象，单击"是"按钮确认，如图3-11所示。

图 3-11

Step 03 数据库中随即创建"联系列"表，以及相关的查询、窗体、报表，如图3-12所示。

Step 04 在导航窗格中双击"联系人"表，在打开的表中可以看到字段标题已经设置完毕，用户可直接在表中添加信息，如图3-13所示。

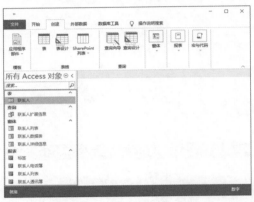

图 3-12

图 3-13

动手练 使用设计视图创建表

利用设计视图创建表是一种十分灵活的方法，但需要花费一定的时间。一般创建复杂的表时会使用设计视图创建。下面介绍使用设计视图创建表的方法。

Step 01 新建空白数据库，打开"创建"选项卡，在"表格"组中单击"表设计"按钮，如图3-14所示。

图 3-14

Step 02 数据库编辑区中随即自动创建"表2"，如图3-15所示。

图 3-15

Step 03 在"表2"中的"字段名称"下方输入"员工编号"，随后单击"数据类型"下方的下拉按钮，在下拉列表中选择"数字"选项，如图3-16所示。

Step 04 参照上述方法输入其他字段名称，并设置好相应的数据类型，如图3-17所示。

图 3-16   图 3-17

Step 05 选中"员工编号"字段名称，在"字段属性"区域内的"常规"选项卡中单击"文本对齐"下拉按钮，在下拉列表中选择"居中"选项，用户还可通过该选项卡中的其他选项设置字段大小、格式、小数位数等，如图3-18所示。

Step 06 右击"员工编号"字段名称，在弹出的快捷菜单中选择"主键"选项，如图3-19所示。

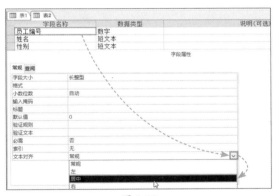   

图 3-18   图 3-19

Step 07 此时，在"员工编号"字段左侧会出现钥匙形图标，该字段即被设置为主键。在快速访问工具栏中单击"保存"按钮，如图3-20所示。

图 3-20

Step 08 弹出"另存为"对话框，在"表名称"文本框中输入"员工信息"，单击"确定"按钮，如图3-21所示。

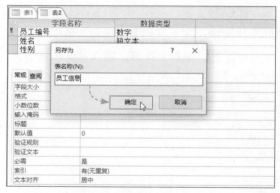

图 3-21

Step 09 "员工信息"表随即被保存，此时在导航窗格中会显示"员工信息"表，双击该表可将其以"数据表视图"模式打开，如图3-22所示。

图 3-22

3.1.4 设置字段类型并输入信息

Access默认使用的视图模式即数据表视图，数据表视图按行和列显示数据，在其中可对字段进行编辑、添加和删除等各种操作。用户可以在数据表视图中直接输入数据创建表。下面介绍具体的操作步骤。

Step 01 启动Access新建空白数据库，此时可以看到Access中默认包含"表1"，该表中包含"ID"字段，如图3-23所示。

Step 02 在"表1"中双击"ID"字段，使该字段名称变为可编辑状态，如图3-24所示。

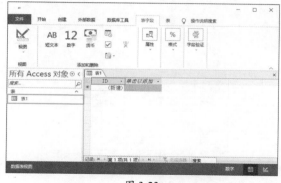

图 3-23

图 3-24

Step 03 修改字段名称为"序号",如图3-25所示。随后单击右侧"单击以添加"字段下拉按钮,在下拉列表中选择"短文本"选项,如图3-26所示。

图 3-25   图 3-26

Step 04 字段名称变为"字段1",并为可编辑状态,如图3-27所示。输入字段名称为"品名",随后参照上述方法继续添加其他字段,直到所有字段添加成功,如图3-28所示。

图 3-27   图 3-28

Step 05 字段名称设置好后便可在每个字段中添加数据。选中"品名"下方单元格,输入内容后,"序号"字段中随即显示数字1,并在下方自动新建一行,如图3-29所示。

Step 06 在输入信息时,一个字段信息输入完成后,按Enter键可自动切换到下一个字段,最后一个字段信息输入完成后,按Enter键会自动切换到下一行信息的首个字段,如图3-30所示。

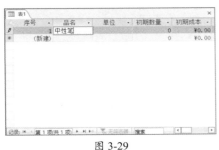

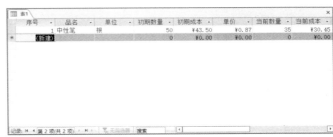

图 3-29   图 3-30

Step 07 参照上述方法继续在表中输入信息,直到所有内容输入完毕,最后保存表即可,如图3-31所示。

图 3-31

动手练 **导入其他数据库信息**

Access可以直接从外部数据源获取数据来创建表，这样将已有的外部数据源的数据加入到表中，非常方便快捷。例如，可以导入Excel工作表、HTML文档、XML文件、文本文件、其他Access数据库等信息。下面以导入其他数据库的数据为例，介绍具体操作步骤。

Step 01 新建空白数据库，打开"外部数据"选项卡，在"导入并链接"组中单击"新数据源"下拉按钮，在展开的下拉列表中选择"从数据库"选项，在其下级列表中选择"Access"选项，如图3-32所示。

Step 02 打开"获取外部数据-Access数据库"对话框，单击"浏览"按钮，如图3-33所示。

图 3-32

图 3-33

Step 03 弹出"打开"对话框，选择需要导入其中数据的Access文件，单击"打开"按钮，如图3-34所示。

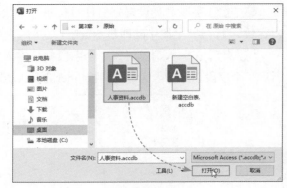

图 3-34

Step 04 返回"获取外部数据-Access数据库"对话框，保持对话框中的其他选项为默认，单击"确定"按钮，如图3-35所示。

图 3-35

Step 05 打开"导入对象"对话框。选中要导入的表，单击"确定"按钮，如图3-36所示。

Step 06 返回"获取外部数据-Access数据库"对话框，单击"关闭"按钮，如图3-37所示。

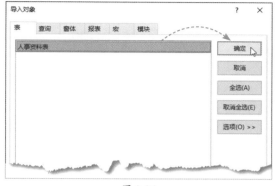

图 3-36

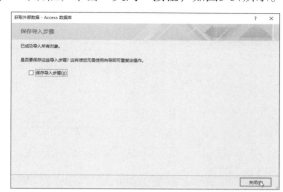

图 3-37

Step 07 其他Access数据库中的表随即被导入当前数据库中，在导航窗格中双击表名称，可将该表打开，如图3-38所示。

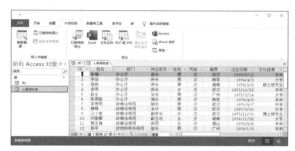

图 3-38

动手练 在表中插入或删除字段

向表中添加数据时，有时需要在两个字段之间插入新的字段，或将多余的字段删除。下面介绍如何插入及删除字段。

Step 01 在数据库中打开"产品信息"表，打开"开始"选项卡，单击"视图"下拉按钮，在下拉列表中选择"设计视图"选项，如图3-39所示。

Step 02 切换到"设计视图"模式，选择"订单量"字段名称，随后右击该字段名称，在弹出的快捷菜单中选择"插入行"选项，如图3-40所示。

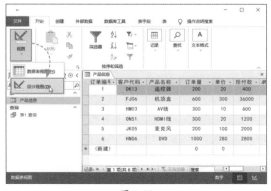

图 3-39

图 3-40

Step 03 "订单量"字段名称上方随即被插入一个空行，如图3-41所示。

Step 04 在新插入的行中输入字段名称为"产品编号"，并设置"数据类型"为"长文本"，如图3-42所示。

图 3-41 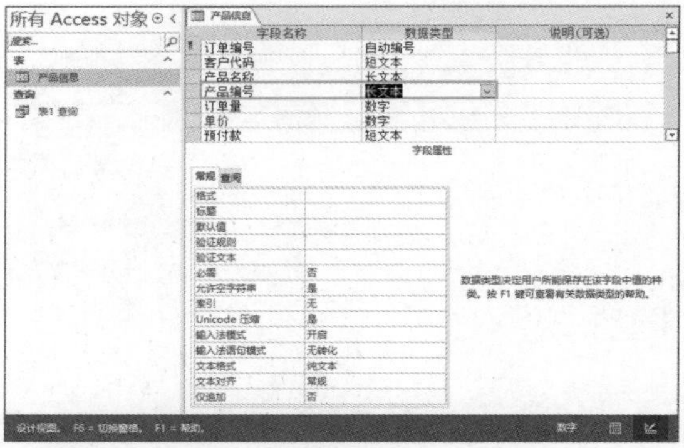   图 3-42

Step 05 按Ctrl+S组合键保存操作，随后切换回"数据表视图"模式，此时可以看到，在"订单量"左侧已经被插入一个"产品编号"字段，如图3-43所示。

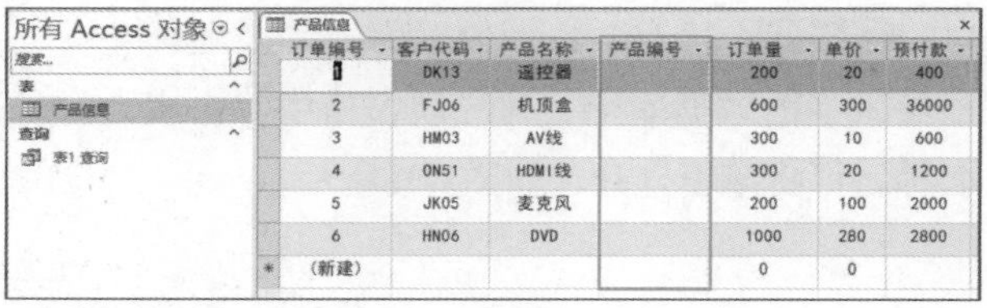

图 3-43

Step 06 若要删除某个字段，可以在"数据表视图"模式下将光标移动到该字段标题上方，当光标变成↓形状时单击，如图3-44所示。

Step 07 当前字段随即被选中，右击选中的字段，在弹出的快捷菜单中选择"删除字段"选项，即可将该字段删除，如图3-45所示。

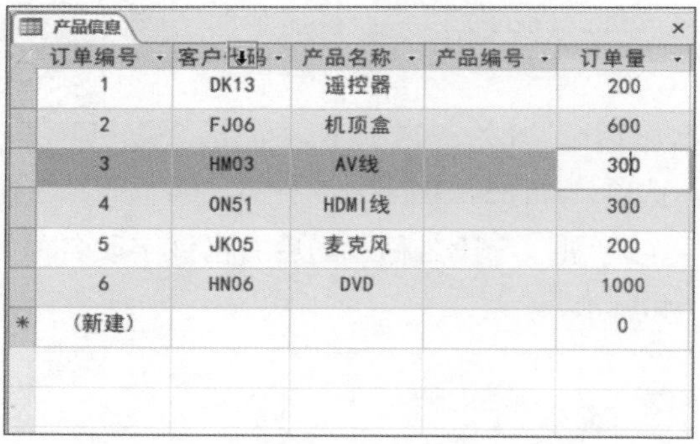

订单编号	客户代码	产品名称	产品编号	订单量
1	DK13	遥控器		200
2	FJ06	机顶盒		600
3	HM03	AV线		300
4	ON51	HDMI线		300
5	JK05	麦克风		200
6	HN06	DVD		1000
*	(新建)			0

图 3-44

图 3-45

知识延伸

用户可以选择删除指定字段。在"设计视图"模式下右击要删除的字段，在弹出的快捷菜单中选择"删除行"选项即可，如图3-46所示。

图 3-46

3.2 字段的设置

创建表后需要添加内容，因此经常需要在表中增加和删除字段。在Access中，可以在"设计视图"或"数据表视图"中添加或删除字段。

在数据库中，表的行和列都有特殊的叫法，每一列叫作一个"字段"。每个字段包含某一专题的信息，例如，在一个"联系人"数据库中的"姓名""联系电话"等都是表中所有行数据共有的属性，所以将这些列称为"姓名"字段和"联系电话"字段。

"记录"指表中的每一行的数据，每一个记录包含该行中的所有信息，如在联系人数据库中某个人的全部信息即为一个记录，但是记录在数据库中并没有专门的记录名来区分，一般常用所在的行数表示是第几条记录。

3.2.1　了解字段的类型

Access数据库中表的字段类型分为11种，包括文本、备注、数字、日期/时间、货币、自动编号、是/否、OLE对象、超级链接、附件以及查阅向导。不同类型字段的作用及特点如下。

1. 文本

文本是指字母数字段符。文本用于不在计算中使用的文本和数字（如产品ID）。

2. 备注

用于长度超过255个字符的文本，或用于使用RTF格式的文本，如注释、较长的说明、包含粗体或斜体等格式的段落等经常使用"备注"字段。

3. 数字

数字是指"数值（整数或分数值）"，用于存储在计算机中使用的数字，货币值除外（对货币值数据类型使用"货币"）。

4. 日期 / 时间

日期/时间是指添加记录时Access自动插入的唯一的数值。日期/时间用于生成可作主键的唯一值。

5. 货币

货币是指货币值。货币用于存储货币值，大小为8字节。

6. 自动编号

自动编号是指添加记录时Access自动插入的唯一数值。自动编号用于生成可用作主键的唯一值。需要注意的是，自动编号字段可以按顺序增加指定的增量，也可以随机选择。

7. 是 / 否

是/否为布尔值。是/否用于包含两个可能的值（如"是/否"或"真/假"）之一的"真/假"字段。

8. OLE 对象

OLE对象是指OLE对象或其他二进制数据。OLE对象用于存储其他Microsoft Windows应用程序中的OLE对象，最大为1GB。

9. 超级链接

超级链接即超链接，用于存储超链接的信息，以通过URL（统一资源定位器）对网页进行单独访问，或通过UNC（通用命名约定）格式的名称对文件进行访问，还可以链接至数据库中存储的Access对象。

超级链接最大为1GB字符，或2GB存储空间（每个字符占2字节），可以在控件中显示65535个字符。

10. 附件

附件是指图片、图像、二进制文件和Office文件。附件常用于存储数字图像和任意类型的二进制文件。

11. 查阅向导

查阅向导实际上不是数据类型，而是调用"查阅向导"的功能，使读者可以创建一个利用组合框在其他表、查询或值列表中查阅值的字段。

基于表的查询，大小是绑定列的大小；基于值的查询，大小是存储值的文本字段的大小。

3.2.2 设置字段属性

在创建表的过程中，除了对字段的类型、长度进行设置外，还有一些特殊的设置要求，例如，字段的有效性规则、有效性文本、字段的显示格式等。这些属性的设置使得数据库更加安全、方便和可靠。

将表切换到"设计视图"模式，表设计器的下半部分用来设置表中字段的属性，可以通过对字段属性的设置来对字段进行更高一级的设置。例如，字段大小用来设置文本型字段最多可输入的数字数量或数值型字段的类型；字段格式用来设置数据的显示和打印方式，如图3-47所示。

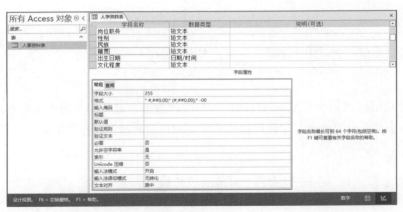

图 3-47

动手练 设置字段大小

下面介绍如何通过设置字段大小，调整"数据表视图"模式下指定文本型字段的宽度。

Step 01 在数据库中打开"人事资料"表，在"开始"选项卡中单击"视图"下拉按钮，在下拉列表中选择"设计视图"选项，如图3-48所示。

Step 02 当前表随即切换至"设计视图"模式，在"字段名称"列中选择"姓名"字段，在下方的"常规"选项卡中输入"字段大小"的值为"4"，随后执行保存操作，如图3-49所示。

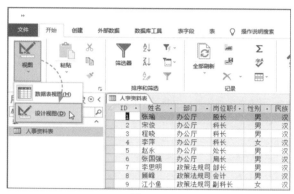

图 3-48 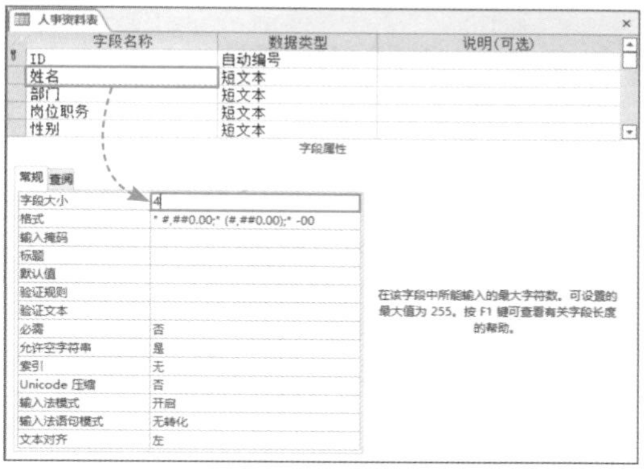   图 3-49

Step 03 切换回"数据表视图"模式。此时"姓名"字段中最多只能输入4个字符，超过4个字符的部分将无法显示，如图3-50所示。

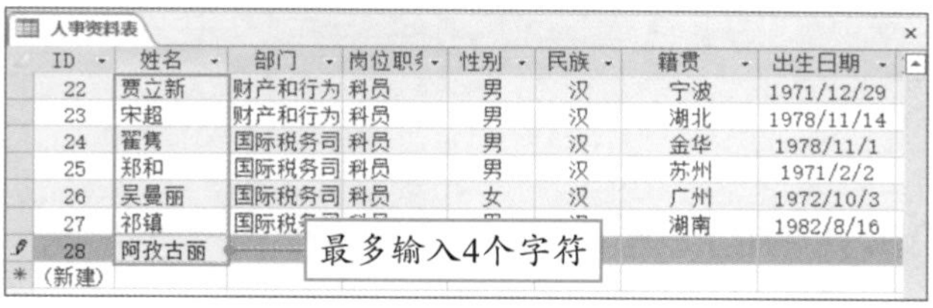

图 3-50

动手练 设置日期字段格式

字段格式是用来限制数据的显示格式。不同的数据类型的字段，其格式选择也不同。下面介绍设置日期字段格式的具体方法。

Step 01 在数据库中打开"人事资料"表，并切换到"设计视图"模式。选中"出生日期"字段，在窗口下方的"常规"选项卡中单击"格式"下拉按钮，在下拉列表中选择"2015年11月12日"选项，完成日期格式的设置，如图3-51所示。

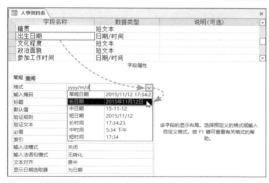

图 3-51

Step 02 将表切换回"数据表视图"模式，可以看到"出生日期"字段中的日期格式已经由原来的短日期类型更改为长日期格式，如图3-52所示。

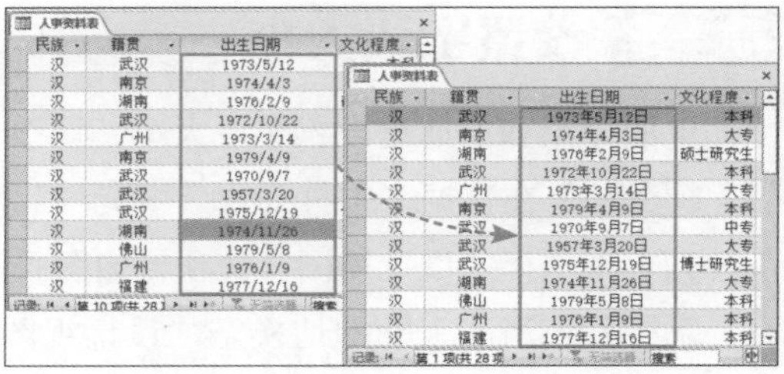

图 3-52

3.2.3　字段的编辑规则

字段的编辑规则是指在一个或多个字段内输入数据所依据的限制和条件的设置规则。设定字段的有效性规则分为两种类型，即字段有效性规则和记录有效性规则。两种规则可以在"设计视图"中的"字段属性"区域（图3-53）或"属性表"窗格中（图3-54）设置。

图 3-53 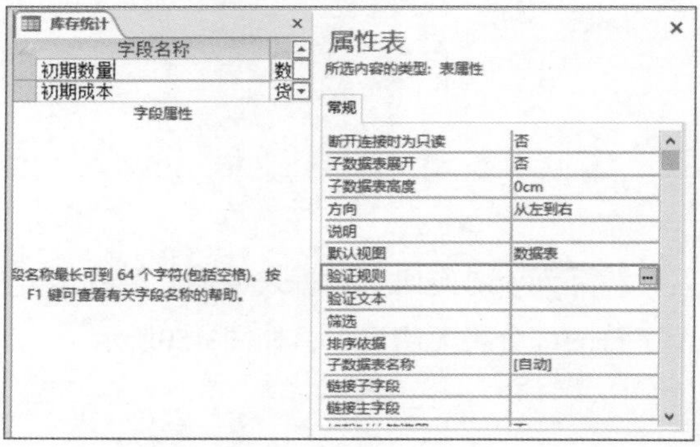　　　　　　　　　　　　　　　　　　　　图 3-54

动手练 设置字段的验证规则

设置字段的验证规则时，用户首先应该保证输入的数据与字段数据类型相符。下面介绍设置字段的验证规则的具体操作方法。

Step 01 在数据库中打开"库存统计"表，在导航窗格中右击"库存统计"表，在弹出的快捷菜单中选择"设计视图"选项，如图3-55所示。

Step 02 切换到"设计视图"模式，选择"初期数量"字段。将光标定位于下方"常规"选项卡中的"验证规则"文本框中，文本框右侧随即显示 ⋯ 按钮，单击该按钮，如图3-56所示。

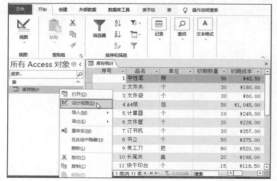

图 3-55

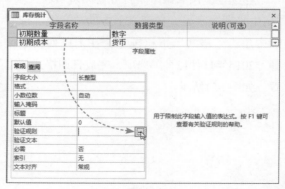

图 3-56

Step 03 弹出 "表达式生成器" 对话框，在顶端文本框中输入 "<100"，单击 "确定" 按钮，如图3-57所示。

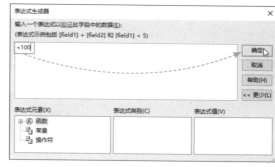

图 3-57

Step 04 返回表 "设计视图" 模式，按 Ctrl+S组合键，系统随即弹出警告对话框，单击 "是" 按钮进行确认，保存设置，如图3-58 所示。

图 3-58

Step 05 单击窗口右下角的 "数据表视图" 按钮，切换回 "数据表视图" 模式，如图3-59 所示。

Step 06 此时表中的 "初期数量" 字段中只能输入小于100的数值，当输入大于100的数值时，将弹出警告对话框，如图3-60所示。

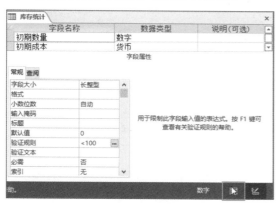

图 3-59

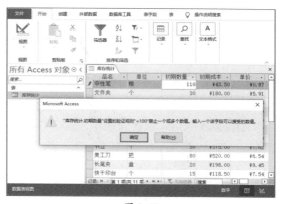

图 3-60

动手练 设置记录验证规则

下面介绍设置记录验证规则的具体操作方法。

Step 01 在数据库中打开 "商品信息" 表。在 "开始" 选项卡中的 "视图" 组内单击 "视图" 下拉按钮，在下拉列表中选择 "设计视图" 选项，如图3-61所示。

Step 02 切换到 "设计视图" 模式。打开 "表设计" 选项卡，在 "显示/隐藏" 组中单击 "属性表" 按钮，如图3-62所示。

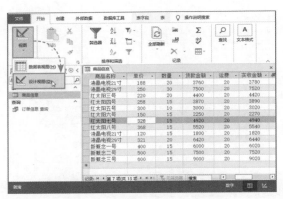

图 3-61   图 3-62

Step 03 窗口右侧随即打开"属性表"窗格。将光标定位于"验证规则"文本框中,单击其右侧的 ⋯ 按钮,如图3-63所示。

Step 04 弹出"表达式生成器"对话框,在"表达式类别"组中双击"实收金额"选项,将该字段添加至顶端文本框中,如图3-64所示。

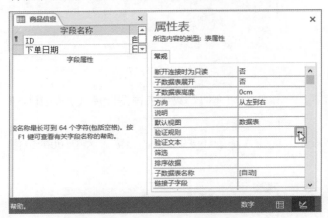

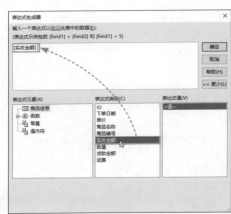

图 3-63   图 3-64

Step 05 在顶部文本框中的"[实收金额]"后面手动输入">=",随后在"表达式类别"组中双击"货款金额"选项,将该字段添加到表达式中,如图3-65所示。

Step 06 表达式设置完成后,单击"确定"按钮,关闭对话框,如图3-66所示。

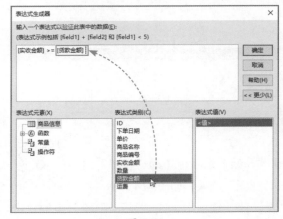

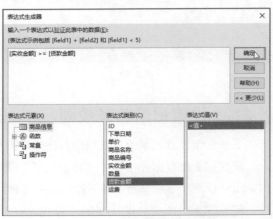

图 3-65   图 3-66

Step 07 切换回"设计视图"模式，按Ctrl+S组合键执行保存操作。此时系统弹出警告对话框，单击"是"按钮进行确认，如图3-67所示。

Step 08 切换回"数据表视图"模式，此时，当在"实收金额"字段中输入的数值不是大于等于"货款金额"字段中的值时，操作会被停止并弹出警告对话框，说明输入的内容不符合验证规则所设置的条件，如图3-68所示。

图 3-67

图 3-68

动手练 输入掩码设置数据格式

在表中添加数据时，若要按照某种指定的格式输入数据或检查输入过程中的错误时，可以使用Access提供的"输入掩码向导"轻松完成输入掩码的操作。下面介绍在"客户信息"表中插入"联系方式"字段，并设置掩码，将所输入的电话号码分段显示的方法。

Step 01 在数据库中打开"客户信息"表，打开"开始"选项卡，单击"视图"下拉按钮，在下拉列表中选择"设计视图"选项，如图3-69所示。

Step 02 切换到"设计视图"模式。选中"建档日期"字段，随后右击，在弹出的快捷菜单中选择"插入行"选项，如图3-70所示。

图 3-69

图 3-70

Step 03 在新插入的行中输入"字段名称"为"联系方式"，设置"数据类型"为"短文本"。保持选中"联系方式"字段，将光标定位于"字段属性"区域内"常规"选项卡中的"输入掩码"文本框中，单击其右侧的 ┅ 按钮，如图3-71所示。

Step 04 弹出警告对话框，单击"是"按钮，如图3-72所示。

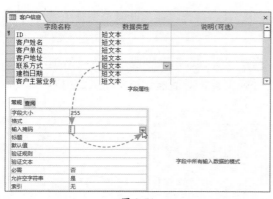

图 3-71

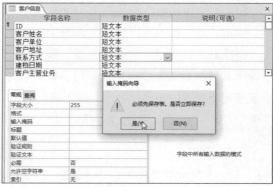

图 3-72

Step 05 打开"输入掩码向导"对话框，单击"编辑列表"按钮，如图3-73所示。

Step 06 打开"自定义'输入掩码向导'"对话框。在"说明"文本框中输入"电话号码分段"，在"输入掩码"文本框中输入"000-0000-000"，单击"关闭"按钮，如图3-74所示。

图 3-73

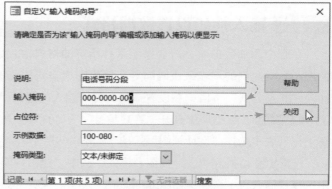

图 3-74

Step 07 返回"输入掩码向导"对话框，单击"下一步"按钮，如图3-75所示。

Step 08 修改占位符为"#"，单击"下一步"按钮，如图3-76所示。

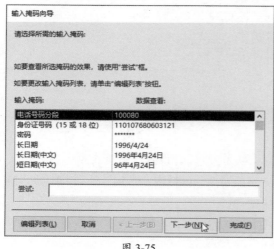

图 3-75

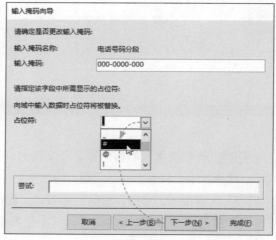

图 3-76

Step 09 根据需要选择一种保存数据的方式，此处使用默认选项，单击"下一步"按钮，如图3-77所示。

Step 10 单击"完成"按钮，完成掩码的设置，如图3-78所示。

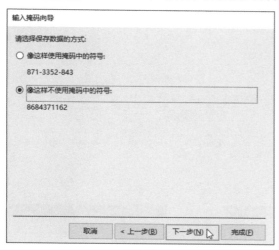

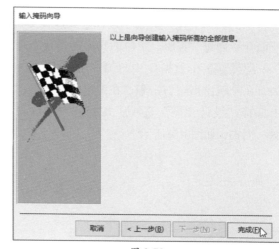

图 3-77   图 3-78

Step 11 按Ctrl+S组合键保存操作。在导航窗格中双击表，切换回"数据表视图"模式，如图3-79所示。

Step 12 此时可以看到表中已经插入了"联系方式"字段，选中该字段中的任意单元格，可以看到以"#"和"-"符号显示的掩码，如图3-80所示。

图 3-79   图 3-80

Step 13 选中第一个"#"，输入11位数的电话号码，数字会自动根据掩码调整格式，如图3-81所示。

Step 14 若不是从第一个"#"位置开始输入，则无法输入完整的11位数电话号码，且按Enter键时会弹出提示信息，如图3-82所示。

客户姓名	客户单位	客户地址	联系方式	建档日期
张先生	A单位	长沙市**路**号	112-2334-455	2021/12/30
王先生	B单位	长沙市**路**号		2021/12/31
刘先生	C单位	长沙市**路**号		2022/1/1
李女士	D单位	长沙市**路**号		2022/1/2
孙女士	E单位	长沙市**路**号		2023/1/3
朱先生	F单位	长沙市**路**号		2023/1/4

图 3-81   图 3-82

3.2.4 创建"查阅"字段

表中输入的数据经常是一个数据集合的某个值，对于这种情况，Access提供了"查阅"这种特殊的数据类型。如果字段设置成这种类型的数据，输入时就可以从某一列表中选择数据。下面介绍创建"查阅"字段的具体操作方法。

Step 01 在数据库中打开"客户信息"表，在导航窗格中右击表，在弹出的快捷菜单中选择"设计视图"选项，切换到"设计视图"模式，如图3-83所示。

图 3-83

Step 02 单击"客户姓名"字段右侧的"数据类型"下拉按钮，在下拉列表中选择"查阅向导..."选项，如图3-84所示。

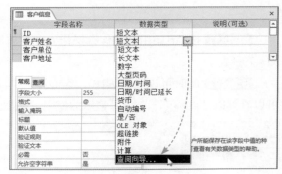

图 3-84

Step 03 弹出"查阅向导"对话框，选中"自行键入所需的值"单选按钮，单击"下一步"按钮，如图3-85所示。

Step 04 在接下来的对话框中输入需要查阅的内容，单击"下一步"按钮，如图3-86所示。

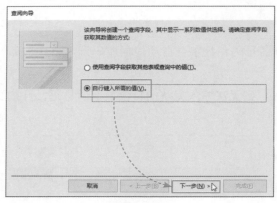

图 3-85

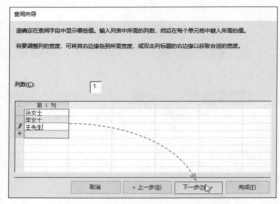

图 3-86

Step 05 保持对话框中的所有选项为默认，单击"完成"按钮，关闭对话框，如图3-87所示。

Step 06 在"字段属性"区域中打开"查阅"选项卡，可以查看指定字段的查阅结果，如图3-88所示。

图 3-87

图 3-88

▌3.2.5 更改主键

主键是表中的一个字段或字段集，为Access中的每一行提供一个标识符，在关系数据库中，用户可以将信息分成不同的、基于主题的表，然后使用表关系和主键将信息再次组合起来，Access使用主键字段将多张表中的数据迅速关联起来，并以一种有意义的方式将这些数据组合在一起。

主键应具有如下几个特征。

● 唯一标识每一行。

● 从不为空或为Null，即始终包含一个值。

● 几乎不改变（理想情况下永不改变）。

在Access中创建的表中所包含的ID字段默认被指定为主键。在其他字段中输入内容后，被设置为主键的ID字段会自动编号，如图3-89所示。

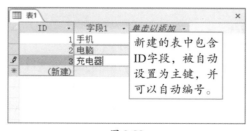

图 3-89

若表中某一个字段可以唯一标识记录，也可以将该字段定义为主键，从而帮助快速查找和排序记录，方便索引查找数据。下面介绍如何将指定字段设置为主键，以及如何取消主键。

Step 01 打开"电商产品明细"表，在导航窗格中右击表名称，在弹出的快捷菜单中选择"设计视图"选项，如图3-90所示。

Step 02 切换到"设计视图"模式，此时的主键为ID字段，在该字段的左侧显示▇图标，此为主键图标，如图3-91所示。

图 3-90

图 3-91

Step 03 将光标定位于"规格型号"字段名称文本框中，打开"表设计"选项卡，在"工具"组中单击"主键"按钮，即可将光标所在字段设置为主键，同时"ID字段"的主键权限被取消，如图3-92所示。

Step 04 若要取消当前字段的主键权限，则可将光标定位于主键字段文本框中，再次单击"主键"按钮，如图3-93所示。

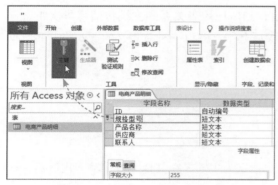

图 3-92

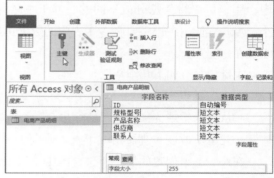

图 3-93

动手练 主键自动编号

在"数据表视图"模式中创建新表时，Access自动为用户创建主键，并且为它指定字段名ID和"自动编号"数据类型，默认情况下，该字段在"数据表视图"模式下为隐藏状态，但切换到"设计视图"模式后就可以看到该字段。

Step 01 新建空白数据库，保存表1，并将表切换到"设计视图"模式，将ID字段的"数据类型"由默认的"自动编号"修改为其他类型，此处修改为"短文本"，如图3-94所示。

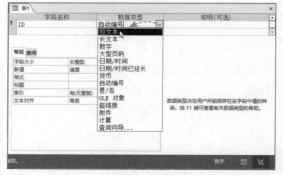

图 3-94

Step 02 新建字段名称为"序列码",并保持选中该字段名称,打开"表设计"选项卡,在"工具"组中单击"主键"按钮,如图3-95所示。

图 3-95

Step 03 新建的"序列码"字段随即被设置为主键,将其数据类型修改为"自动编号",如图3-96所示。

Step 04 "自动编号"的方式默认为"递增",即从数字1开始编号,新建行时编号逐渐递增。用户也可将自动编号的方式设置为"随机"。在下方"字段属性"区域中的"常规"选项卡内单击"新值"下拉按钮,在下拉列表中选择"随机"选项,如图3-97所示。

图 3-96

图 3-97

Step 05 设置完成后执行保存操作,此时系统会弹出警告对话框,单击"是"按钮,进行确认,如图3-98所示。

Step 06 切换回"数据表视图"模式,此时在表中输入内容,主键字段("序列码"字段)中将自动生成随机的数字编号,如图3-99所示。

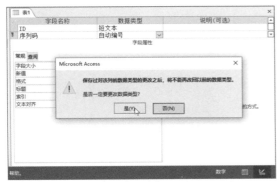

图 3-98

图 3-99

3.2.6　修改数据类型

Access允许用户对数据类型进行修改。在数据类型转换时需要进行的操作和注意事项如下。

1. 从文本类型转换到其他数据类型

备注：删除包含该字段的索引。

数字：数据只包含数据和有效分隔符。

日期/时间：文本包含的日期必须可识别。

货币：数据只包含数据和有效分隔符。

自动编号：表不包含数据。

是/否：文本为是、真、开、否、假、关。

超级链接：链接格式必须正确，否则链接不会工作。

2. 从备注类型转换到其他数据类型

文本：自动删除超过255个字符以上的文本。

数字：数据只包含数据和有效分隔符。

日期/时间：文本包含的日期必须可识别。

货币：数据只包含数据和有效分隔符。

自动编号：表不包含数据。

是/否：文本为是、真、开、否、假、关。

超级链接：链接格式必须正确，否则链接不会工作。

3. 从数字类型转换到其他数据类型

文本：无限制。

备注：无限制。

数字：必须在新精度范围内。

货币：无限制。

自动编号：表不包含数据。

是/否：0或空为"否"，其余为"是"。

超级链接：一般情况下不会工作。

4. 从日期 / 时间类型转换到其他数据类型

文本：无限制。

备注：无限制。

货币：无限制，可能会四舍五入。

自动编号：表不包含数据。

是/否：0或空为"否"，其余为"是"。

超级链接：一般情况下不会工作。

5. 从货币类型转换到其他数据类型

文本：无限制。

备注：无限制。

数字：必须在新精度范围内。

货币：无限制。

自动编号：表不包含数据。

是/否：0或空为"否"，其余为"是"。

超级链接：一般情况下不会工作。

6. 从自动编号类型转换到其他数据类型

文本：无限制。

备注：无限制。

数字：必须在新精度范围内。

货币：无限制。

自动编号：表不包含数据。

是/否：所有值都为"是"。

超级链接：一般情况下不会工作。

7. 从是/否类型转换到其他数据类型

文本：是转换为"是"，否转换为"否"。

备注：是转换为"是"，否转换为"否"。

数字：是转换为"1"，否转换为"0"。

货币：是转换为"-1"，否转换为"0"。

自动编号：不能。

超级链接：一般情况下不会工作。

8. 从超级链接类型转换到其他数据类型

备注：不能超过255个字符。

数字：不能。

日期/时间：不能。

货币：不能。

自动编号：不能。

是/否：不能。

动手练 修改数据类型为"货币"

当字段中的值代表金额时，可以将该字段的数据类型设置为"货币"。该数据类型会在数字前面显示货币符号，并为数字添加千位分隔符。

Step 01 打开要操作的表，单击状态最右侧的"设计视图"按钮，切换到"设计视图"模式，如图3-100所示。

Step 02 将光标定位于"成本"字段右侧的"数据类型"单元格中，单击下拉按钮，在下拉列表中选择"货币"选项，即可完成该字段数据类型的更改，如图3-101所示。

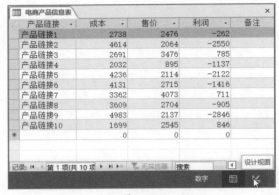

图 3-100

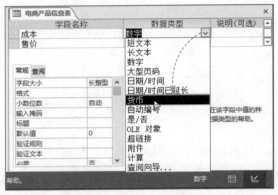

图 3-101

Step 03 将"售价"及"利润"字段的"数据类型"也更改为"货币"。默认状态下，货币类型的数据自动保留两位小数，若要修改其小数位数，可以在"字段属性"区域中的"常规"选项卡内设置"小数位数"。此处选择小数位数为"0"，如图3-102所示。

Step 04 执行保存操作后返回"数据表视图"模式，可以看到"成本""售价"及"利润"字段中的数值已经更改为货币格式，如图3-103所示。

图 3-102

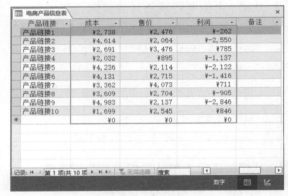

图 3-103

3.2.7 修改字段名称

用户可以随时更改字段名称，这种更改对于表的数据不会造成影响。用户可以在不同视图模式下修改字段名称。下面介绍具体操作方法。

1. 在"数据表视图"模式下修改

Step 01 打开表，在默认的"数据表视图"模式下双击需要修改的字段名称，该名称随即变为可编辑状态，如图3-104所示。

Step 02 删除原来的名称输入新名称，按Enter键进行确认即可，如图3-105所示。

电商产品信息表			
规格型号	产品名称	供应商	联系人
1001	手机	供应商1	梅璐枝
1002	电脑	供应商2	戚月伊
1003	充电器	供应商3	湛镇荔
1004	洗衣机	供应商4	孟宏枫
1005	电冰箱	供应商5	支勤艳
1006	消毒柜	供应商6	潘梦悦
1007	手机	供应商7	王芸
1008	电脑	供应商8	锺吉雪
1009	充电器	供应商9	徐姝悦
1010	洗衣机	供应商10	毛艳铎

图 3-104

电商产品信息表			
产品编号	产品名称	供应商	联系人
1001	手机	供应商1	梅璐枝
1002	电脑	供应商2	戚月伊
1003	充电器	供应商3	湛镇荔
1004	洗衣机	供应商4	孟宏枫
1005	电冰箱	供应商5	支勤艳
1006	消毒柜	供应商6	潘梦悦
1007	手机	供应商7	王芸
1008	电脑	供应商8	锺吉雪
1009	充电器	供应商9	徐姝悦
1010	洗衣机	供应商10	毛艳铎

图 3-105

2. 在"设计视图"模式下修改

Step 01 打开需要修改字段名称的表，切换到"设计视图"模式，在字段名称列中删除需要修改的字段名称，如图3-106所示。

Step 02 输入新的字段名称即可完成更改，操作完成后按Ctrl+S组合键保存，如图3-107所示。

电商产品信息表	
字段名称	数据类型
	短文本
产品名称	短文本
供应商	短文本
联系人	短文本
品牌	短文本
颜色	短文本
单位	短文本
产品链接	短文本
成本	短文本
售价	短文本

图 3-106

电商产品信息表	
字段名称	数据类型
产品编号	短文本
产品名称	短文本
供应商	短文本
联系人	短文本
品牌	短文本
颜色	短文本
单位	短文本
产品链接	短文本
成本	短文本
售价	短文本

图 3-107

3.3 管理表

使用数据库时，数据库中的表可以根据需要删除多余的表、调整表在导航窗格中的显示顺序或更改表名称。

3.3.1 删除表

当不再需要使用某些表中的数据时，为了减小内存，提高系统运行速度，可以将这些多余的表删除。下面介绍如何删除表。

Step 01 在导航窗格中选择要删除的表，右击，在弹出的快捷菜单中选择"删除"选项，如图3-108所示。

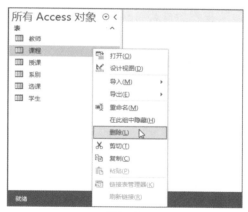

图 3-108

Step 02 系统弹出警告对话框，单击"是"按钮，即可将表删除，如图3-109所示。

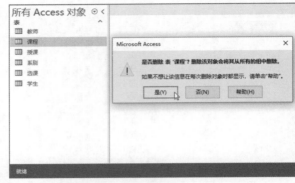

图 3-109

除了使用右键快捷菜单删除表，用户也可以使用功能区中的命令按钮删除表。选择要删除的表，打开"开始"选项卡，在"记录"组中单击"删除"按钮即可，如图3-110所示。

图 3-110

知识延伸

若要删除某张表，必须先将该表关闭。若表为打开状态，执行删除操作后，系统会弹出提示对话框，如图3-111所示。

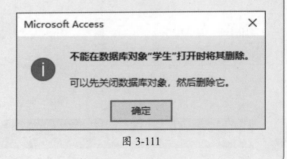

图 3-111

▌3.3.2 重命名表

保存表后若要修改表的名称，可以使用"重命名"功能进行操作。下面介绍具体操作方法。

Step 01 关闭需要重命名的表，在导航窗格中右击表名称，在弹出的快捷菜单中选择"重命名"选项，如图3-112所示。

图 3-112

Step 02 表名称随即变为可编辑状态，如图3-113所示。删除原名称后输入新名称即可完成更改，如图3-114所示。

图 3-113

图 3-114

动手练 调整表的显示顺序

数据库中的表在导航窗格中的显示顺序可以根据创建时间或修改时间进行显示，下面介绍如何修改时间显示表。

Step 01 在导航窗格中单击⊙按钮，如图3-115所示。

Step 02 在展开的列表中选择"修改日期"选项，如图3-116所示。

Step 03 所有表的顺序随即根据修改时间自动进行调整，如图3-117所示。

图 3-115

图 3-116

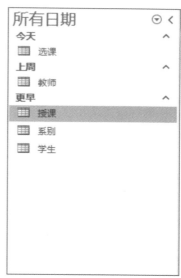

图 3-117

3.4 表的联接

一个数据库应用系统通常包括多张表。将这些不同的表数据组合在一起，不仅确立了表之间的关系，还保证了数据库的参照完整性。

3.4.1 定义表之间的关系

表之间有三种关系，分别是一对一关系、一对多关系和多对多关系。下面分别进行介绍。

1. 一对一关系

在一对一关系中，第一张表中的每条记录在第二张表中只有一个匹配记录，而第二张表中的每条记录在第一张表中只有一个匹配记录。这种关系并不常见，因为多数以此方式相关的信息都存储在一张表中，可以使用一对一关系将一张表分成许多字段，或出于安全原因隔离表中部分数据，或存储仅应用于主表的子集的信息，标识此类关系时，这两张表必须共享一个公共字段。

2. 一对多关系

一对多关系是指第一张表中的每条记录在第二张表中有一条或多条匹配的记录，而第二张表中的每条记录在第一张表中只有一条匹配的记录。例如，一个订单跟踪数据库，其中包含"客户"表和"订单"表，"客户"表中的每个"客户名称"可以签署任意数量的订单，而"订单"表中的一个"订单编号"则只能属于一个"客户名称"，这两张表的关系就是一对多关系。

若要在数据库设计中表示一对多关系，则获取关系"一方"的主键，并将其作为额外字段添加到关系"多方"的表中，例如将一个新字段（即"客户"表中的ID字段）添加到"订单"表中，并将其命名为"客户ID"，然后就可以使用"订单"表中的"客户ID"查找每个订单的正确客户。

3. 多对多关系

多对多关系是指第一张表中的每条记录在第二张表中有一条或多条匹配的记录，而第二张表中的每条记录在第一张表中也有一条或多条匹配的记录。

可通过"产品"表和"订单"表之间的关系来考虑。单个订单中可以包含多个产品，另一方面，一个产品可能出现在多个订单中。因此，对于"订单"表中的每条记录，都可能与"产品"表中的多条记录对应；而对于"产品"表中的每条记录，都可能与"订单"表中的多条记录对应，这种关系称为多对多关系，因为对于任何产品，都可以有多个订单，而对于任何订单，都可以包含许多产品。注意，为了检测表之间的现有多对多关系，必须考虑关系的双方。

3.4.2 参照完整性的定义

参照完整性是指在设计数据库时，用户将信息拆分为许多基于主题的表，以最大限度地降低数据冗余。然后通过在相关表中放置公共字段来提供将数据重新组合到一起的方法。

使用参照完整性的目的是防止出现孤立记录并保持参照同步，以便不会有任何记录参照已存在的其他记录。实施参照完整性的方法是为表关系启用参照完整性。实施后，Access将拒绝违反表关系参照完整性的任何操作。Access拒绝更改参照目标的更新，还拒绝参照目标的删除。要使Access传播参照更新和删除，以便所有相关行都能进行相应更改。

在实施参照完整性时应注意以下几点。

- 如果值在主表的主键字段中不存在，则不能在相关表的外键字段中输入该值，否则会创建孤立记录。
- 如果某记录在相关表中有匹配记录，则不能从主表中删除。例如，如果在"订单"表中有分配给某雇员的订单，则不能从"雇员"表中删除该雇员的记录。但通过勾选"级联删除相关记录"复选框，可以选择在一次操作中删除主记录及所有相关记录。
- 如果更改主表中的主键值会创建孤立记录，则不能执行此操作。例如，如果在"订单明细"表中为某一订单指定了行项目，则不能更改"订单"表中该订单的编号。但通过勾选"级联更新相关字段"复选框，可以选择在一次操作中更新主记录及所有相关记录。

如果在启用参照完整性时遇到困难，需要满足以下条件才能实施参照完整性。

- 来自于主表的公共字段必须为主键或具有唯一索引。
- 公共字段必须具有相同的数据类型。
- 这两张表必须存在于同一个Access数据库中。不能对联接表实施参照完整性。但是，如果来源表为Access格式，则可打开存储这些表的数据库，并在该数据库中启用参照完整性。

3.4.3 创建关系的目的

当需要在数据库对象中使用表时，Access需要确定如何联接表的表关系。应该在创建其他数据库（如窗体、查询和报表）对象之前创建表关系，其原因有以下三点。

1. 表关系可为查询设计提供信息

要使用多张表中的记录，通常必须创建联接这些表的查询，查询的工作方式为将第一张表主键字段中的值与第二张表的外键字段进行匹配。例如，要列出每个客户所有订单的行，需要构建一个查询，该查询基于"客户ID"字段，将"客户"表与"订单"表联接起来。在"关系"对话框中，可以手动指定联接的字段。但是，如果已经定义了表间的关系，Access 会基于现有表关系提供默认联接。

2. 表关系可为窗体和报表设计提供信息

在设计窗体或报表时，Access会使用从已定义的表关系中收集的信息为用户提供正确的选择，并用适当的默认值预填充属性设置。

3. 可以将表关系作为基础来实施参照完整性

将表关系作为基础来实施参照完整性有助于防止数据库中出现孤立记录。

动手练 创建一对一表关系

不同表之间的关系是通过主表主键字段和子表的相关字段确定的。用户可以使用"关系"对话框或从"字段列表"窗格中拖动字段来显式地创建表关系。接下来介绍如何创建一对一的表关系。

Step 01 打开包含"教师信息"和"考试成绩"表的数据库，保证这两张表为关闭状态。打开"数据库工具"选项卡，在"关系"组中单击"关系"按钮，如图3-118所示。

Step 02 此时自动打开"关系"窗口，在"关系设计"选项卡中单击"添加表"按钮，如图3-119所示。

图 3-118　　　　　　　　　　　　　　　　　图 3-119

Step 03 弹出"显示表"对话框，在"表"选项卡中选择任意一张表，随后按住Ctrl键选择另外一张表，将这两张表同时选中，单击"添加"按钮，如图3-120所示，接着单击"关闭"按钮。

Step 04 "关系"窗口中随即显示"教师信息"表和"考试成绩"表，如图3-121所示。

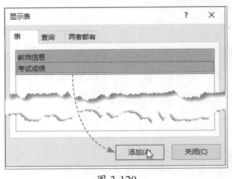
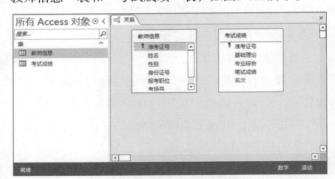

图 3-120　　　　　　　　　　　　　　　　　图 3-121

Step 05 在"教师信息"表中选择"准考证号"字段，按住鼠标左键不放，向"考试成绩"表中的"准考证号"字段上方拖动，如图3-122所示。

Step 06 松开鼠标左键后，自动弹出"编辑关系"对话框。在"表/查询"和"相关表/查询"两个区域中已经自动设置好了两张表，以及两张表之间相联接的字段。由于本例创建的是一对一关系，因此两个字段分别为两张表的主键。为了实施参照完整性，此处需要勾选"实施参照完整性"复选框、"级联更新相关字段"复选框和"级联删除相关记录"复选框，设置完成后单击"创建"按钮，如图3-123所示。

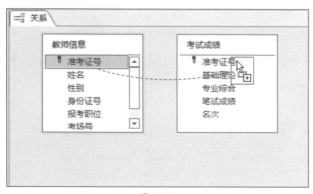

图 3-122

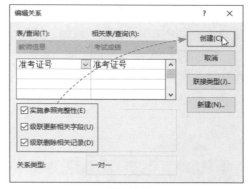

图 3-123

Step 07 在"关系"窗口中可以看到,"教师信息"表和"考试成绩"表已经建立了一对一关系,两张表有关系的字段被一条直线连接,如图3-124所示。

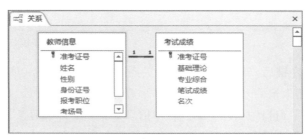

图 3-124

动手练 创建一对多表关系

下面为数据库中的"订单信息"表和"客户信息"表创建一对多关系。这两张表中的数据通过"客户名称"字段进行关联。在创建关系前必须将"客户信息"表中的"客户名称"字段设置为主键,将"订单信息"表中的"客户信息"字段设置为外键。

Step 01 打开包含"订单信息"表和"客户信息"表的数据库,保证这两张表为关闭状态。打开"数据库工具"选项卡,在"关系"组中单击"关系"按钮,如图3-125所示。

Step 02 系统自动打开"关系"窗口,单击"关系设计"选项卡中的"添加表"按钮,如图3-126所示。

图 3-125

图 3-126

第 3 章 表的构建

79

Step 03 弹出"显示表"对话框，按住Ctrl键，同时在"表"选项卡中依次单击两张表，将这两张表同时选中，单击"添加"按钮，如图3-127所示，接着单击"关闭"按钮。

Step 04 "关系"窗口中随即被添加"订单信息"表和"客户信息"表。在"客户信息"表中选择"客户名称"字段，按住鼠标左键不放，向"订单信息"表中的"客户名称"字段上方拖动，如图3-128所示。

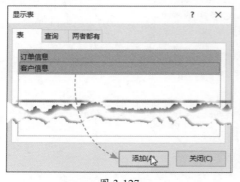

图 3-127

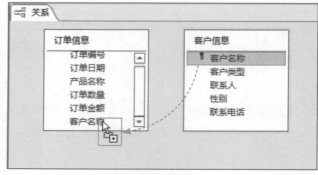

图 3-128

Step 05 松开鼠标左键后，自动弹出"编辑关系"对话框。勾选"实施参照完整性""级联更新相关字段""级联删除相关记录"三个复选框，单击"创建"按钮，如图3-129所示。

Step 06 在"关系"窗口中可以看到"客户信息"表和"订单信息"表已经建立了一对多关系，最后执行保存操作，保存"关系"窗口中显示的表和关系即可，如图3-130所示。

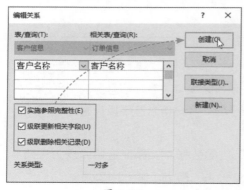

图 3-129

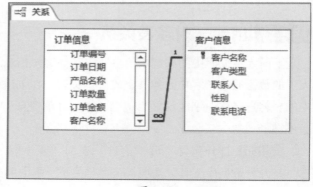

图 3-130

动手练 创建多对多表关系

本例数据库中包含"产品信息""客户信息""订单详情"三张表，其中"产品信息"表和"客户信息"表为多对多关系，"订单详情"表是联接表，作用是将多对多关系拆分成两个一对一关系。

在创建关系之前需要分别将"产品信息"和"产品名称"表中的"客户信息"和"客户名称"字段设置为主键。

Step 01 打开包含"产品信息""订单详情""客户信息"表的数据库，保证这三张表为关闭状态。打开"数据库工具"选项卡，在"关系"组中单击"关系"按钮，如图3-131所示。

Step 02 Access中自动打开"关系"窗口，单击"关系设计"选项卡中的"添加表"按钮，如图3-132所示。

图 3-131

图 3-132

Step 03 弹出"显示表"对话框，按住Ctrl键，同时在"表"选项卡中依次单击三张表，将这三张表同时选中，单击"添加"按钮，如图3-133所示，接着单击"关闭"按钮。

Step 04 "关系"窗口中随即被添加三张表。在"产品信息"表中选择"产品名称"字段，按住鼠标左键不放，向"订单详情"表中的"产品名称"字段上方拖动，如图3-134所示。

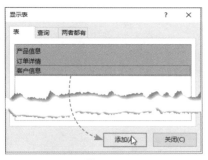
图 3-133

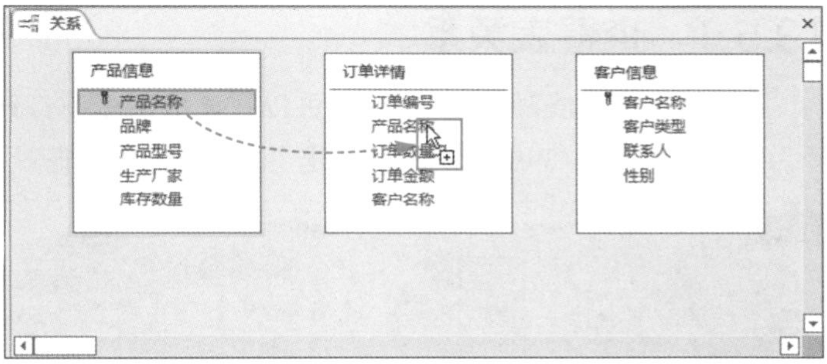

图 3-134

Step 05 松开鼠标左键后，自动弹出"编辑关系"对话框。勾选"实施参照完整性""级联更新相关字段""级联删除相关记录"三个复选框，单击"创建"按钮，如图3-135所示。

Step 06 "产品信息"表和"订单详情"表随即建立一对多关系。继续将"客户信息"表中的"客户名称"字段拖动到"订单详情"表的"客户名称"字段上方，如图3-136所示。

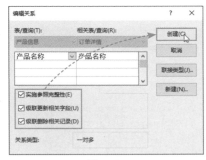
图 3-135

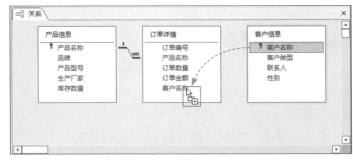
图 3-136

Step 07 松开鼠标左键，再次弹出"编辑关系"对话框，勾选"实施参照完整性""级联更新相关字段""级联删除相关记录"三个复选框，单击"创建"按钮，如图3-137所示。

Step 08 "客户信息"表随即与"订单详情"表建立一对多关系，至此便完成了多对多表关系的创建，如图3-138所示。

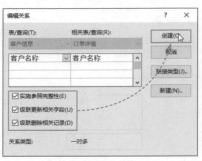

图 3-137

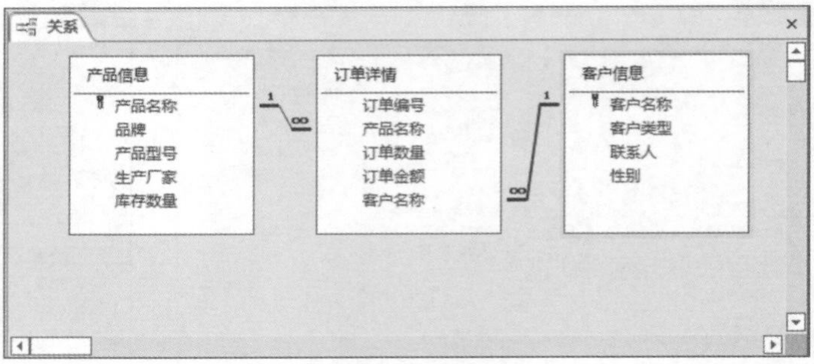

图 3-138

A 3.5 编辑表关系

表关系创建完成后可以对表关系进行查看、修改、删除等操作。下面介绍具体操作方法。

▌3.5.1 查看表关系

数据库中的表若创建了关系，可以在该数据库中打开"数据库工具"选项卡，单击"关系"按钮，如图3-139所示，即可打开"关系"窗口，查看表关系，如图3-140所示。

图 3-139

图 3-140

▌3.5.2 修改表关系

建立了表关系后还可以根据需要对表关系的联接字段、参照完整性以及表关系的联接类型进行修改。

打开"关系"窗口，单击两表之间的连接线，连接线被选中后会加粗显示，随后在"关系设计"选项卡中单击"编辑关系"按钮，如图3-141所示。在弹出的"编辑关系"对话框中

图 3-141

即可对联接字段、联接类型以及参照完整性进行修改，如图3-142所示。

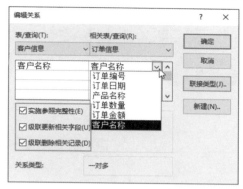

图 3-142

动手练 删除表关系

当不再需要使用表关系时，可以将其删除。若表关系中实施了参照完整性，在删除表关系后，参照完整性会被同时删除。删除表关系的方法如下。

Step 01 打开"关系"窗口。单击表之间的连接线，连接线加粗显示时说明被选中，如图3-143所示

Step 02 按Delete键，系统随即弹出警告对话框，单击"是"按钮，即可将选中的关系删除，如图3-144所示。

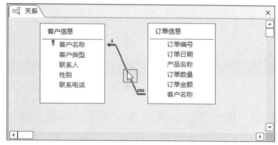

图 3-143

图 3-144

案例实战——在数据库中创建费用报销表

本章主要学习了数据库中表的创建和基本操作、表字段的添加和属性设置以及表关系的建立及管理等知识。下面利用所学内容创建一份费用报销表。

1. 创建表

Step 01 启动Access应用程序，选择"空白数据库"选项，在随后弹出的对话框中输入文件名"报销管理"，单击 按钮，为数据库指定保存位置，最后单击"创建"按钮，创建空白数据库，如图3-145所示。

Step 02 在"表1"中双击ID字段名称，使名称变为可编辑状态，如图3-146所示。

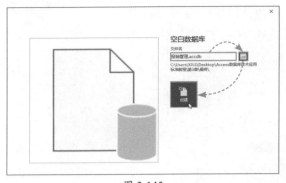

图 3-145

图 3-146

Step 03 输入字段名称为"序号"，随后单击"单击以添加"下拉按钮，在下拉列表中选择"日期和时间"选项，如图3-147所示。

Step 04 表中随即被添加一个日期和时间字段，输入字段名称为"报销日期"，如图3-148所示。

图 3-147

图 3-148

Step 05 参照Step 03和Step 04，继续在表中添加"报销类型"（短文本类型）、"报销金额"（货币类型）、"报销人"（短文本类型）、"报销部门"（短文本类型）字段，并输入数据，如图3-149所示。

Step 06 按Ctrl+S组合键，弹出"另存为"对话框，输入"表名称"为"费用报销明细"，单击"确定"按钮，保存表，如图3-150所示。

图 3-149

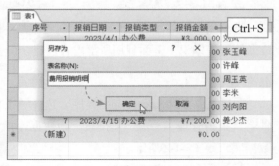

图 3-150

2. 添加附件字段

如果需要在表中添加附件，就需要在表中使用附件字段，具体的操作步骤如下。

Step 01 右击"报销人"字段名称，在弹出的快捷菜单中选择"插入字段"选项，如图3-151所示。

Step 02 "报销人"字段左侧随即被插入一个空白字段，打开"表字段"选项卡，在"格式"组中单击"数据类型"下拉按钮，在下拉列表中选择"附件"选项，如图3-152所示。

图 3-151

图 3-152

Step 03 新插入的字段中随即显示附件标志，@表示当前字段为附件字段；（0）表示当前的附件文件数量为0，随着附件文件数量变化而自动更新。双击第1行中的附件字段符号，如图3-153所示。

Step 04 弹出"附件"对话框，单击"添加"按钮，如图3-154所示。

图 3-153

图 3-154

Step 05 打开"选择文件"对话框，选择需要添加的文件，此处选择一张图片，单击"打开"按钮，如图3-155所示。

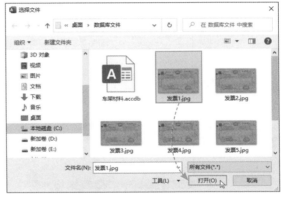

图 3-155

Step 06 返回"附件"对话框，单击"确定"按钮，完成附件的添加，如图3-156所示。按照同样的方法可继续向其他行中添加附件。

图 3-156

3. 设置表格式并保存数据库

完善表格记录后，还可按需对表格式进行美化，最后将数据库保存至指定位置，具体操作步骤如下。

Step 01 单击表左上方的三角按钮，选中表中所有内容，随后右击该三角按钮，在弹出的快捷菜单中选择"行高"选项，如图3-157所示。

Step 02 打开"行高"对话框，设置"行高"值为22，单击"确定"按钮，如图3-158所示。批量调整表中所有行的高度。

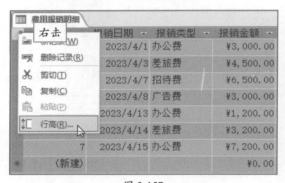

图 3-157

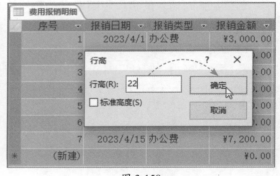

图 3-158

Step 03 保持选中表中的所有内容，打开"开始"选项卡，在"文本格式"组中单击"字体"下拉按钮，在下拉列表中选择"微软雅黑"选项，如图3-159所示。

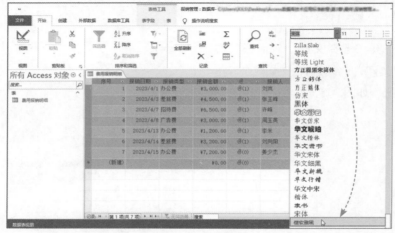

图 3-159

Step 04 单击"可选行"颜色下拉按钮，在下拉列表中选择一种满意的颜色，为表重新设置隔行填充的颜色，如图3-160所示。

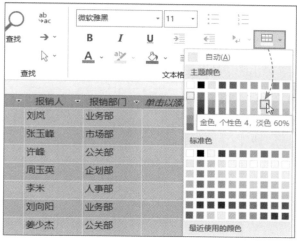

图 3-160

Step 05 在表中单击"序号"字段标题，将该字段选中，在"开始"选项卡中的"文本格式"组内单击"居中"按钮，将所选字段中的数据设置为居中显示。随后依次选中剩余字段，分多次将所有字段设置为"居中"显示，如图3-161所示。

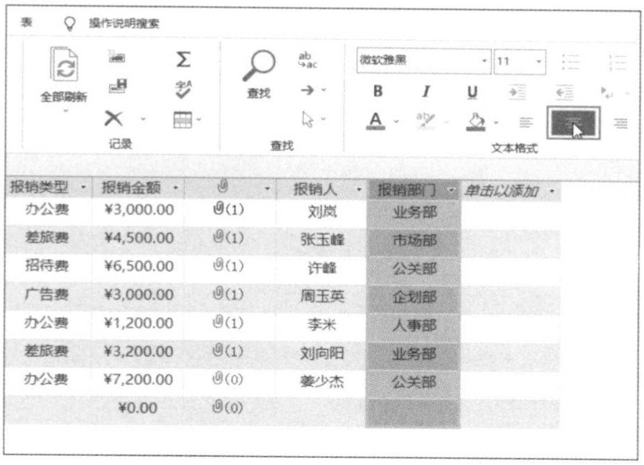

图 3-161

Step 06 至此完成"费用报销明细"表的制作，效果如图3-162所示。

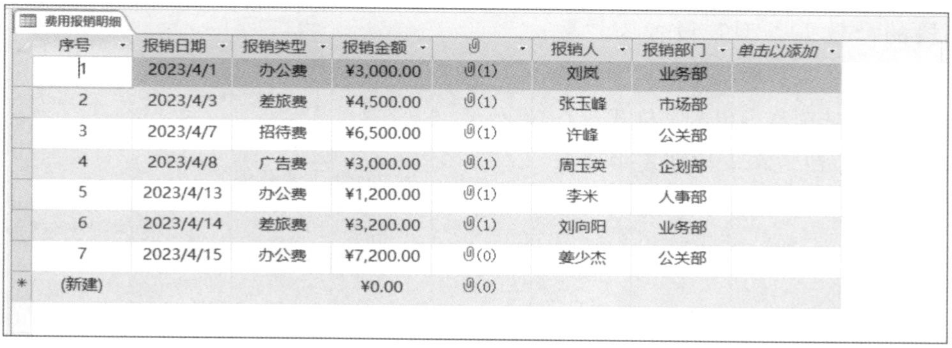

序号	报销日期	报销类型	报销金额	⋀	报销人	报销部门	单击以添加
1	2023/4/1	办公费	¥3,000.00	⋀(1)	刘岚	业务部	
2	2023/4/3	差旅费	¥4,500.00	⋀(1)	张玉峰	市场部	
3	2023/4/7	招待费	¥6,500.00	⋀(1)	许峰	公关部	
4	2023/4/8	广告费	¥3,000.00	⋀(1)	周玉英	企划部	
5	2023/4/13	办公费	¥1,200.00	⋀(1)	李米	人事部	
6	2023/4/14	差旅费	¥3,200.00	⋀(1)	刘向阳	业务部	
7	2023/4/15	办公费	¥7,200.00	⋀(0)	姜少杰	公关部	
*	(新建)		¥0.00	⋀(0)			

图 3-162

新手答疑

1. Q: 如何隐藏窗格中的表？

A: 在导航窗格中右击要隐藏的表，在弹出的快捷菜单中选择"在此组中隐藏"选项，如图3-163所示。被隐藏的表会变为浅灰色，如图3-164所示。若要取消表的隐藏，则可以右击被隐藏的表，在弹出的快捷菜单中选择"取消在此组中隐藏"选项，如图3-165所示。

图 3-163   图 3-164   图 3-165

2. Q: 如何复制表？

A: 在导航窗格中右击要复制的表，在弹出的快捷菜单中选择"复制"选项，如图3-166所示。随后在导航窗格的空白位置右击，在弹出的快捷菜单中选择"粘贴"选项，如图3-167所示。此时会弹出"粘贴表方式"对话框，用户可在该对话框中设置"表名称"，并选择粘贴方式，如图3-168所示。

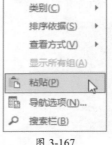

图 3-166   图 3-167   图 3-168

3. Q: 如何设置百分比数字格式？

A: 在"设计视图"模式中，将字段的"数据类型"设置为"数字"，在"字段属性"组中的"常规"选项卡内单击"格式"右侧下拉按钮，在下拉列表中选择"百分比"选项即可，如图3-169所示。

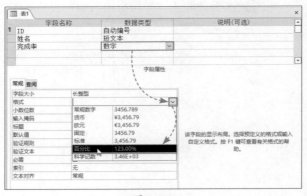

图 3-169

Access数据库基础与应用标准教程（实战微课版）

第4章
查询的创建

　　使用查询可以更轻松地查看、添加、删除或更改Access
数据库中的数据。查询为用户使用数据库提供了极大的方便，
通过查询不仅可以检索数据库中的信息，还可以利用查询直接
编辑数据源中的数据，而且这种编辑一次就可以更改整个数据
库的相关数据。本章内容将对查询的基本概念、查询的创建、
编辑及常用语言等内容进行详细介绍。

查询是对数据源进行一系列检索的操作。它可以从表中按照一定的规则取出特定的信息，在取出数据的同时可以对数据执行一定的统计、分类和计算，然后按照用户的要求对数据进行排序并加以表现。查询的结果可以作为窗体、报表和新数据表的数据来源，当然用作另外一个查询的数据源也是可以的。

4.1.1 查询的作用

查询可将多张表的数据组合在一起，从中检索符合特定条件的数据，并指定给窗体、报表或数据访问页作为数据源。另外还可以通过查询向多张表中添加和编辑数据。利用查询可以通过不同的方法查看、更改以及分析数据，从多张表中获取的数据可以按特定的顺序进行排序。

查询的主要作用如下。

- **选择字段**。用户在查询中选择，不必包括表中的所有字段。
- **选择记录**。用户可以指定一个或多个条件，只有符合条件的记录才能在查询结果中显示。
- **分组和排序功能**。用户可以对查询结果进行分组，并指定浏览的顺序。
- **完成计算功能**。用户可以建立一个计算字段，利用计算字段保存计算结果。计算字段根据一张或多张表中的一个或多个字段计算出表中没有的数据。为了在表单和报表中显示计算字段，用户可以建立一个包含计算字段的查询。
- **使用查询作为窗体、报表或数据访问页的记录源**。为了从一张或多张表中选择合适的数据，以便在窗体或报表中进行显示，用户可以建立一个条件查询，将该查询从基表中检索最新数据。
- **建立新表**。用户可以将查询结果存储为一个数据文件，以后用户就可以打开这个数据表进行操作。不过，此数据表是一张自由表，必须使用"添加操作"命令才能将它添加到当前数据库中。

4.1.2 查询的类型

Access提供了选择查询、交叉数据表查询、动作查询、参数查询和SQL查询5种查询方式。5种查询方式的具体说明如下。

1. 选择查询

选择查询是最常见的查询类型，它从一张或多张表中检索数据，并且在可以更新记录的数据表中显示结果。

2. 交叉数据表查询

查询数据不仅要在数据表中找到特定的字段、记录，有时还需对数据表进行统计、摘要，如求和、计数、求平均值等，这样就需要使用交叉数据表查询方式。

3. 动作查询

动作查询也称操作查询，可以运用一个动作同时修改多个记录，或者对数据表进行统一修改。

4. 参数查询

参数即查询条件，参数查询是选择查询的一种，指从一张或多张数据表中查询那些符合条件的数据信息，并可以以同样的方式设置其他查询条件。

5. SQL 查询

SQL查询是用户使用SQL语句创建的查询。SQL查询的特殊应用场合有联合查询、传递查询、数据定义查询和子查询。

4.1.3　查询的视图

Access查询有4种视图：设计视图、数据表视图、数据透视图和SQL视图。

1. 设计视图

查询的设计视图就是查询设计器，通过该视图可以设计除SQL查询之外的任何类型的查询。

2. 数据表视图

查询的数据表视图是查询的数据浏览器，通过该视图可以查看查询运行结果，即查询检索到的记录。查询的数据表视图的操作和应用与表的数据表视图完全相同。

3. 数据透视图

查询的数据透视图是将查询和数据透视表相结合的视图使用方法，它同样能用于汇总并分析数据的目的，通过拖动不同的查询来实现查看不同级别的详细信息或指定布局。

4. SQL 视图

查询的SQL视图按照SQL语法规范显示查询，即显示查询的SQL语句，此视图主要用于SQL查询。

4.2　创建查询

在Access中创建查询时不必从无到有地设计查询，可以根据需要创建的查询类型选择不同的向导。创建查询的框架后，在查询的设计视图中对向导所创建的查询做进一步修改，以适应特定需要。

4.2.1 在"设计视图"中创建查询

在查询的设计视图中可以方便地添加字段、移除字段、更改字段、插入和删除准则、排序记录、显示和隐蔽字段等。

1. 添加和移除字段

如果要在设计网格中添加字段，可以从字段列表中将此字段拖动到设计网格的列中。如果要移除设计网格中的字段，单击"列选定器"，然后按Delete键。

2. 移动查询设计网格中的字段

通过移动查询设计网格中的字段，可以改变生成的最终查询中字段的排列顺序。要移动字段，首先单击相应字段的列选定器，然后将其拖放到目标位置。要移动多个字段，首先选定多个字段，然后使用鼠标拖曳的方法进行移动，或先单击要移动字段中的第一个字段，再按Shift键，然后单击最后一个字段，将其拖到目标位置。

3. 在查询中更改字段名

将查询的源表或查询中的字段拖放到设计网格中后，查询自动将源表或查询的字段作为目标查询的字段名。但是为了更准确地说明字段中的数据，可以改变这些字段名。在定义新的计算字段或计算已有的字段的总和、计数和其他类型的总计时，会特别有用。

4. 在查询中插入或删除准则行

如果要在查询的设计视图中插入一个准则行，单击插入新行下方的行，然后执行"插入""行"菜单命令，新行将插入在单击行的上方。如果要删除准则行，单击相应行的任意位置，然后执行"编辑""删除行"菜单命令。

5. 在查询中添加和删除准则

在查询中可以通过使用准则来检索满足特定条件的记录。在设计视图中可以完成准则的添加和删除。

6. 在查询设计网格中更改列宽

如果查询的设计视图中设计网格的列宽不足以显示相应内容，可以改变列宽。要改变列宽，首先将光标移到要更改列宽的列选定器的右边框，直到光标变为双向箭头。然后将边框向左拖曳使列变窄，或向右拖曳使列变宽。

7. 使用查询设计网格排序

利用查询的设计视图所设计的查询，如果未加指定，在查询运行时记录并不进行排序，如果需要进行排序，必须明确指定排列顺序。

8. 显示和隐藏字段

对于设计网格中的每个字段，用户都可以控制其是否显示在查询的数据表视图中，如果设计网格中某字段的显示行中的复选框被勾选，则该字段将显示在数据表视图中，否则不显示。

动手练 在"设计视图"中创建查询

使用"查询设计"器可以根据数据库中包含的表创建查询。下面根据"客户信息"表创建查询。具体的操作步骤如下。

Step 01 打开包含"客户信息"表的数据库,切换到"创建"选项卡,在"查询"组中单击"查询设计"按钮,如图4-1所示。

Step 02 弹出"显示表"对话框,选中"客户信息"表,单击"添加"按钮,如图4-2所示,随后单击"关闭"按钮,关闭对话框。

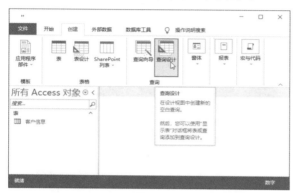

图 4-1

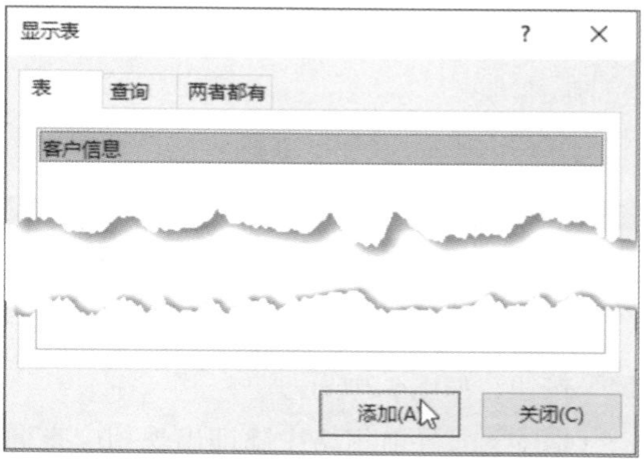

图 4-2

Step 03 数据库中随即自动打开"查询1"窗口,窗口被添加了"客户信息"表,在窗口的下方区域中可以添加查询字段,如图4-3所示。

图 4-3

Step 04 单击窗口下方"字段"行中的第一个单元格右侧的下拉按钮,在下拉列表中选择"客户姓名"选项,如图4-4所示。

图 4-4

Step 05 第一个字段名称添加完成后，参照Step 04，继续在"字段"行中添加"客户地址"以及"联系方式"字段，如图4-5所示。

Step 06 右击"查询1"窗口，在弹出的快捷菜单中选择"保存"选项，如图4-6所示。

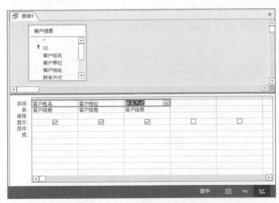
图 4-5

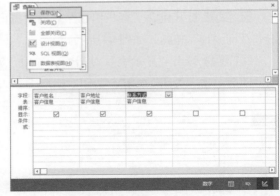
图 4-6

Step 07 弹出"另存为"对话框，输入"查询名称"为"客户地址及联系方式"，单击"确定"按钮，如图4-7所示。

Step 08 导航窗格中随即出现相应查询，双击查询名称，可切换至数据表视图模式，查看查询的各个字段的详细信息，如图4-8所示。

图 4-7

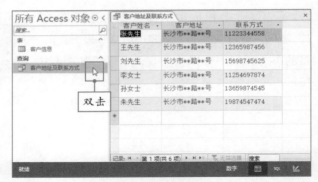
图 4-8

动手练 在"设计视图"中设置查询条件

在"设计视图"中创建查询时，可以让字段按"升序"或"降序"排序，还可以根据需要创建查询条件，例如查询"订单金额"为5万～10万元的所有信息。

Step 01 打开包含"订单信息"表的数据库，切换到"创建"选项卡，在"查询"组中单击"查询设计"按钮，如图4-9所示。

图 4-9

Step 02 弹出"显示表"对话框，选中"订单信息"表，单击"添加"按钮，如图4-10所示，随后单击"关闭"按钮。

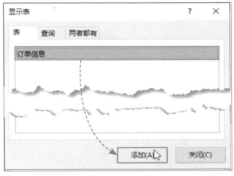

图 4-10

Step 03 数据库中随即自动打开"查询1"窗口，并自动添加"订单信息"表。随后在窗口下方的"字段"行中依次添加"订单编号""订单日期""产品名称""订单数量""订单金额""客户名称"字段，如图4-11所示。

Step 04 将光标定位于"订单金额"字段下方的"排序"单元格中，单击下拉按钮，在下拉列表中选择"升序"选项，如图4-12所示。

图 4-11

图 4-12

Step 05 在"订单金额"字段下方的"条件"单元格中输入"Between [50000] And [100000]"，如图4-13所示。

Step 06 按Ctrl+S组合键，弹出"另存为"对话框，输入"查询名称"为"订单金额5万至10万"，单击"确定"按钮，即可保存查询，如图4-14所示。

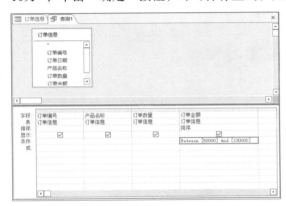

图 4-13

图 4-14

动手练 运行查询

完成查询设计后需要运行查询以检测查询的结果。运行查询有多种方法，下面介绍其中两种常用的方法。

1. 切换视图运行查询

Step 01 单击窗口右下角的"数据表视图"按钮即可运行查询，此时系统会根据查询条件弹出"输入参数值"对话框，输入"50000"，单击"确定"按钮，如图4-15所示。

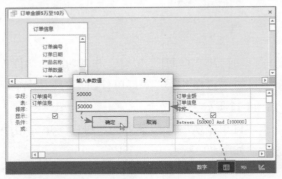

图 4-15

Step 02 在随后弹出的对话框中输入"100000"，单击"确定"按钮，如图4-16所示。

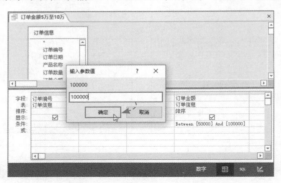

图 4-16

Step 03 新建的查询表随即切换到"数据表视图"模式，查询表中此时会显示"订单编号""产品名称""订单数量"以及"订单金额"字段，这些信息自动按"订单金额"降序排序，且"订单金额"的数值范围为50000～100000，如图4-17所示。

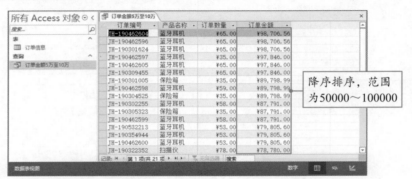

图 4-17

2. 通过"运行"按钮运行查询

在"查询设计"选项卡中的"结果"组中单击"运行"按钮,即可运行当前查询,如图4-18所示。

图 4-18

知识延伸

本例为"订单金额"设置的查询范围为50000～100000,在打开查询表时,只要输入这个范围内的参数,都可以查询到相应的信息。例如输入参数值为80000～95000,如图4-19和图4-20所示。

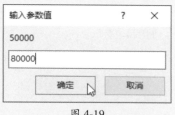

图 4-19

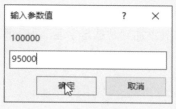

图 4-20

查询表中即可显示"订单金额"为80000～95000的信息,如图4-21所示。

图 4-21

4.2.2　创建简单查询

简单查询即选择查询,此类查询从一张或多张表中选择字段,并在数据表视图中显示符合条件的记录。如果用户对创建查询不够熟悉,可以通过查询向导创建查询,具体的操作步骤如下。

Step 01 打开包含"电商产品明细"表的数据库,切换到"创建"选项卡,在"查询"组中单击"查询向导"按钮,如图4-22所示。

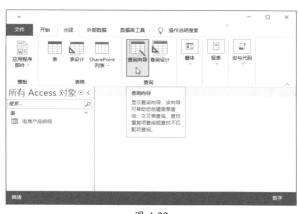

图 4-22

Step 02 打开"新建查询"对话框，保持默认选择的"简单查询向导"选项，单击"确定"按钮，如图4-23所示。

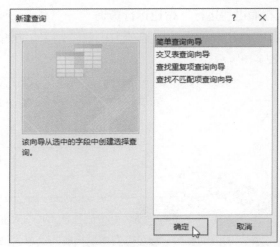

图 4-23

Step 03 打开"简单查询向导"对话框，在"可用字段"列表中选择"产品名称"字段，单击 > 按钮，将其添加到"选定字段"列表框中，如图4-24所示。

Step 04 参照Step 03继续向"选定字段"列表框中添加其他字段，随后单击"下一步"按钮，如图4-25所示。

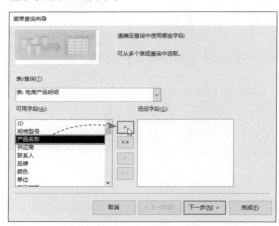

图 4-24

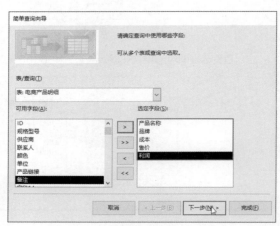

图 4-25

Step 05 保持默认设置，单击"下一步"按钮，如图4-26所示。

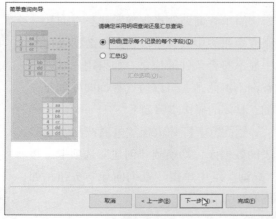

图 4-26

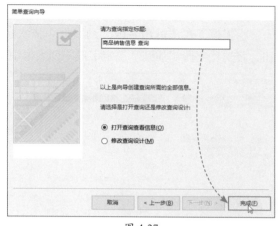

Step 06 在"请为查询指定标题"文本框中输入"商品销售信息 查询",其他选项保持默认,单击"完成"按钮,如图4-27所示。

图 4-27

Step 07 导航窗格中会显示新建的查询表,编辑区域中会自动打开该查询窗口,创建的查询会以表的形式显示,如图4-28所示。

图 4-28

4.2.3 创建交叉表查询

在Access中,可使用向导或由查询设计网格创建交叉表查询。在设计网格中,可以指定作为列标题的字段值、作为行标题的字段值,以及进行总和、平均、计数或其他类型计算的字段值。下面介绍使用交叉表查询向导创建查询的具体操作方法。

Step 01 打开包含"电商产品明细"表的数据库,在"创建"选项卡中的"查询"组中单击"查询向导"按钮,如图4-29所示。

Step 02 打开"新建查询"对话框,选择"交叉表查询向导"选项,单击"确定"按钮,如图4-30所示。

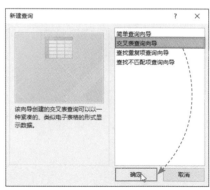

图 4-29   图 4-30

Step 03 打开"交叉表查询向导"对话框，单击"下一步"按钮，如图4-31所示。

Step 04 在"可用字段"列表框中依次选择"供应商""品牌""成本"字段。单击 > 按钮，将这些字段添加到"选定字段"列表框中，随后单击"下一步"按钮，如图4-32所示。

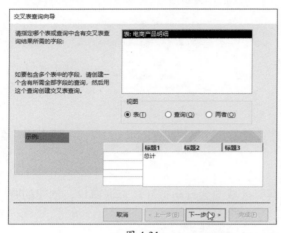

图 4-31

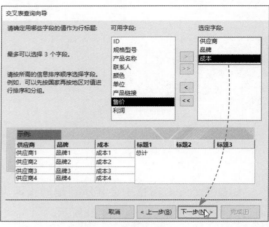

图 4-32

Step 05 在列表框中选择"产品名称"字段，单击"下一步"按钮，如图4-33所示。

Step 06 在"字段"列表框中选择"利润"，在"函数"列表框中选择"总数"，单击"下一步"按钮，如图4-34所示。

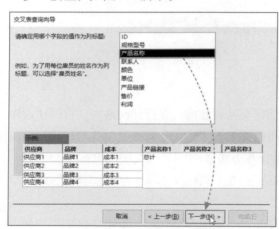

图 4-33

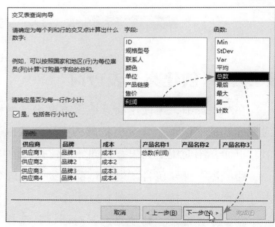

图 4-34

Step 07 在"请指定查询的名称"文本框中输入名称，单击"完成"按钮，如图4-35所示。

图 4-35

Step 08 数据库中随即自动创建交叉表查询，效果如图4-36所示。

图 4-36

动手练 创建重复项查询

将表的一个字段或字段组设置为主关键字，可以确保该字段或字段的取值在表中是唯一的，从而避免重复项的出现。查找重复项查询向导，可以帮助用户在数据表中查找具有一个或多个字段内容相同的记录。此向导可以用来确定基本表中是否存在重复记录。下面使用查找重复项查询向导创建查询。

Step 01 打开包含"人事资料表"的数据库。切换到"创建"选项卡，在"查询"组中单击"查询向导"按钮，如图4-37所示。

Step 02 弹出"新建查询"对话框，选择"查找重复项查询向导"选项，单击"确定"按钮，如图4-38所示。

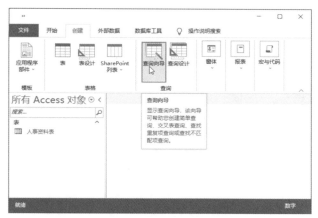

图 4-37

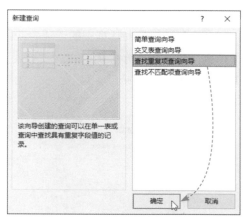

图 4-38

Step 03 弹出"查找重复项查询向导"对话框，保持默认选项，单击"下一步"按钮，如图4-39所示。

Step 04 在"可用字段"列表框中依次选择"姓名""部门""岗位职务"字段，单击 > 按钮，将这些字段添加到"重复值字段"列表框中，随后单击"下一步"按钮，如图4-40所示。

图 4-39

图 4-40

Step 05 在弹出的对话框中单击 >> 按钮，如图4-41所示。

Step 06 将"可用字段"列表框中的所有字段添加到"另外的查询字段"列表框中，单击"下一步"按钮，如图4-42所示。

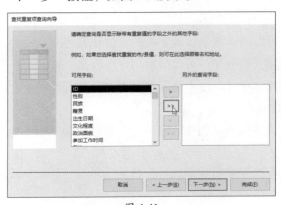

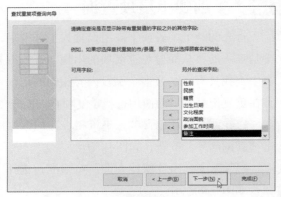

图 4-41

图 4-42

Step 07 保持对话框中的选项为默认，单击"完成"按钮，如图4-43所示。

Step 08 数据库中随即建立"查找人事资料表的重复项"查询，窗口中自动打开查询到的重复项，如图4-44所示。

图 4-43

图 4-44

Access数据库基础与应用标准教程（实战微课版）

动手练 创建不匹配项查询

　　查找不匹配项查询向导是用来帮助用户在数据中查找不匹配记录的向导。根据查询不匹配项的结果，可以确定在某张表中是否存在与另外一张表没有对应记录的行，因为若存在这样的记录，就表明它们已经破坏了数据库的参照完整性，这样的记录是不允许存在的。下面介绍使用查找不匹配项查询向导创建查询的具体操作步骤。

Step 01 打开包含"产品信息"表和"订单详情"表的数据库，在"创建"选项卡的"查询"组中单击"查询向导"按钮，如图4-45所示。

Step 02 弹出"新建查询"对话框，选择"查找不匹配项查询向导"选项，单击"确定"按钮，如图4-46所示。

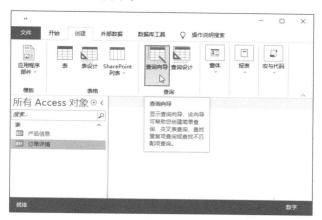

图 4-45　　　　　　　　　　　　　　　　图 4-46

Step 03 弹出"查找不匹配项查询向导"对话框，单击"下一步"按钮，如图4-47所示。

Step 04 保持对话框中的选项为默认，再次单击"下一步"按钮，如图4-48所示。

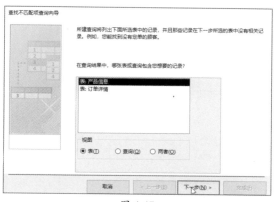

图 4-47　　　　　　　　　　　　　　　　图 4-48

Step 05 分别在"'产品信息'中的字段"和"'订单详情'中的字段"列表框中选择"产品名称"字段，将"匹配字段"设置为"产品名称<=>产品名称"，单击"下一步"按钮，如图4-49所示。

Step 06 在对话框中单击 >> 按钮，如图4-50所示。

图 4-49   图 4-50

Step 07 将"可用字段"列表框中的所有字段添加到"选定字段"列表框中,单击"下一步"按钮,如图4-51所示。

Step 08 保持对话框中的选项为默认,单击"完成"按钮,如图4-52所示。关闭对话框,完成查询表的创建。

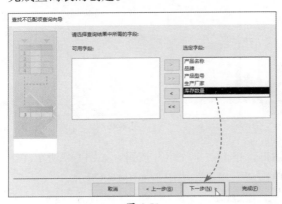

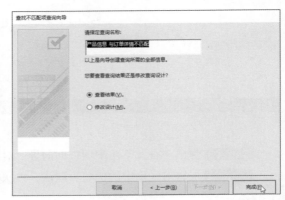

图 4-51   图 4-52

Step 09 数据库中自动创建"产品信息 与订单详情不匹配"查询,并显示查询到的不匹配项,如图4-53所示。

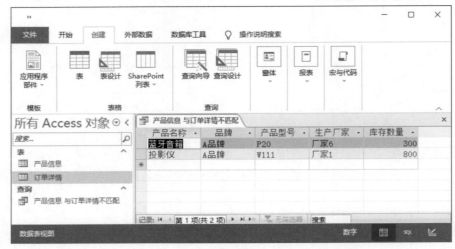

图 4-53

4.3　编辑查询

创建查询后还需要掌握一些编辑查询的技巧，包括添加或更改字段、调整字段顺序、隐藏或显示字段、追加查询、删除查询、更新查询、生成表查询等。

4.3.1　添加或更改字段

创建查询后若要向查询中添加或更改字段，可以切换到"设计视图"模式进行操作。下面介绍具体操作方法。

Step 01 在导航窗格中右击查询名称，在弹出的快捷菜单中选择"设计视图"选项，如图4-54所示。

Step 02 将所选查询在"设计视图"模式下打开。在窗口下方的"字段"行中的现有字段右侧单元格中定位光标，单击下拉按钮，在下拉列表中选择需要的字段，即可向当前查询表中添加该字段，如图4-55所示。

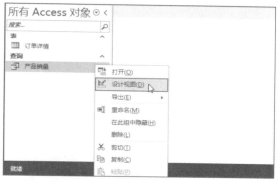

图 4-54

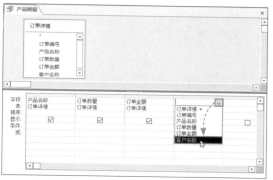

图 4-55

Step 03 若要更改字段，则可将光标定位于"字段"行中需要更改的字段单元格中，单击右侧下拉按钮，在下拉列表中选择其他字段名称即可，如图4-56所示。

图 4-56

动手练 调整字段顺序

若对查询表中字段的排列顺序不满意，可以对顺序进行调整。在"数据表视图"或"设计视图"模式下均可调整字段顺序。

Step 01 在数据库中打开"产品销售"查询，在"开始"选项卡中单击"视图"下拉按钮，在下拉列表中选择"设计视图"选项，如图4-57所示。

Step 02 切换到"设计视图"模式，将光标移动到"客户名称"字段上方，光标变成 ⬇ 形状时单击，如图4-58所示。

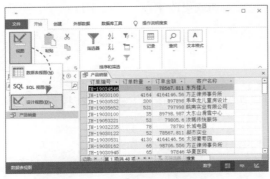

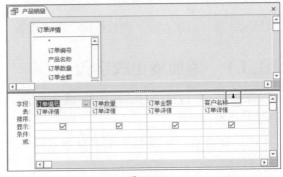

图 4-57 　　　　　　　　　　　　　　　　图 4-58

Step 03 此时光标所指的字段被选中，保持光标为 ▯ 形状，如图4-59所示。

Step 04 按住鼠标左键向目标位置拖动，当目标位置出现一条黑色粗实线时松开鼠标左键，如图4-60所示。

图 4-59 　　　　　　　　　　　　　　　　图 4-60

Step 05 所选字段随即被移动到目标位置，使用上述方法还可以继续调整其他字段的位置，以起到调整字段顺序的目的，如图4-61所示。

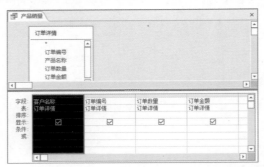

图 4-61

知识延伸

　　在"数据表视图"模式中也可快速移动字段位置，改变字段的排列顺序。其操作方法与在"设计视图"模式中的操作方法相同，只需选中要调整位置的字段，将其拖动到目标位置即可。

4.3.2 隐藏或显示字段

暂时不需要让查询表中的某些字段显示时可以将其隐藏，等到有需要时再让其重新显示。在"数据表视图"模式或"设计视图"模式中可以使用不同的方法隐藏字段。

在"数据表视图"中右击字段名称，在弹出的快捷菜单中选择"隐藏字段"选项，即可隐藏当前字段，如图4-62所示。若要取消字段的隐藏，可以右击任意字段名称，在弹出的快捷菜单中选择"取消隐藏字段"选项，在弹出的"取消隐藏列"对话框中勾选要显示的字段复选框，随后单击"关闭"按钮即可，如图4-63所示。

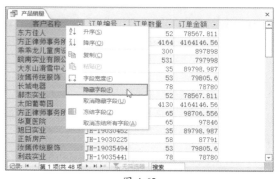
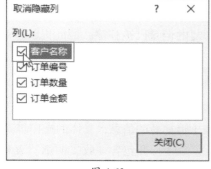

图 4-62   图 4-63

在"设计视图"模式中也可隐藏字段。切换到"设计视图"模式，在打开的查询表窗口下方的"显示"行中取消指定字段复选框的勾选，即可隐藏该字段，重新勾选复选框则可恢复该字段的显示，如图4-64所示。

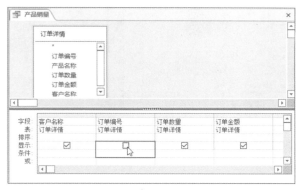

图 4-64

4.3.3 更新查询

使用更新查询可以添加、更改或删除一条或多条现有记录中的数据。可以将更新查询视为一种功能强大的"查找和替换"对话框形式。可以输入选择条件（相当于搜索字符串）和更新条件（相当于替换字符串）。与"查找和替换"对话框不同，更新查询可接受多个条件，使用户可以一次更新大量记录，并可以一次更改多张表中的记录。

在创建更新查询时需要先创建一个包含要更新的记录的选择查询，随后将创建好的选择查询转换为更新查询并设置更新，最后运行更新查询对符合条件的值进行更新。

更新查询无法更新的字段类型如下。

- **自动编号字段：**"自动编号"数据类型的字段由Access维护，更新查询无法更改该字段中的值。
- **表关系中的主键字段：**如果在表关系中没有启用"级联更新相关字段"，则更新查询将无法更新设计了关系的表中的主键字段。
- **计算字段：**由于计算字段存储于内存中，因此无法更新。
- **总计查询和交叉表查询中的字段：**与计算字段类似，这两类查询中的某些值表示单条记录，而其他值表示多条记录，由于无法确定哪些记录作为重复值被排除了，因此更新查询无法对它们进行更新。
- **联合查询中的字段：**由于多个数据源中的每条记录在联合查询中只出现一次，发生重复的记录已被移除，因此更新查询无法对各个数据源中的重复记录进行更新。

动手练 追加查询

追加查询表示将一张或多张表中的一组数据追加到另一张表的尾部。例如，向"收支明细"表中追加新的信息，具体的操作步骤如下。

Step 01 打开包含"收支明细"表和"新数据"表的数据库，切换到"创建"选项卡，在"查询"组中单击"查询设计"按钮，如图4-65所示。

Step 02 弹出"显示表"对话框，选择"新数据"选项，单击"添加"按钮，如图4-66所示，随后再单击"关闭"按钮。

图 4-65

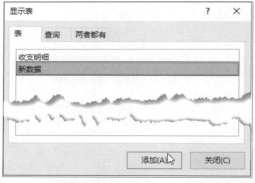

图 4-66

Step 03 数据库中随即打开"查询1"窗口，在"新数据"表中双击"*"字段，将该表中的所有字段添加到下方字段行中，如图4-67所示。

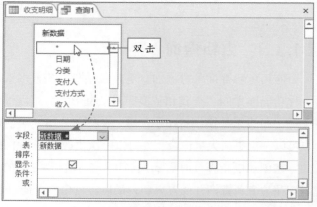

图 4-67

Step 04 在"查询设计"选项卡中的"查询类型"组中单击"追加"按钮，如图4-68所示。

Step 05 弹出"追加"对话框，将光标置于"表名称"文本框中，单击其右侧的下拉按钮，在下拉列表中选择"收支明细"选项，随后单击"确定"按钮，如图4-69所示。

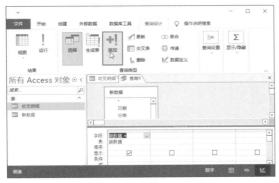
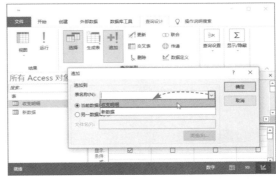

图 4-68   图 4-69

Step 06 在"查询设计"选项卡中的"结果"组中单击"运行"按钮，如图4-70所示。

Step 07 系统随即弹出警告对话框，单击"是"按钮，确认追加记录，如图4-71所示。"新数据"表中的数据随即被追加到"收支明细"表中。

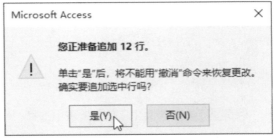

图 4-70   图 4-71

动手练 删除查询

删除查询可以从一张或多张表中删除一组记录。删除查询根据其所涉及的表及表之间的关系可以简单地划分为3种类型。

● 删除单张表或一对一关系表中的记录。

● 使用只包含一对多关系中一端的表的查询来删除多端表记录。

● 使用包含一对多关系中两端的表的查询来删除两端表记录。

下面介绍删除"产品出厂信息"表中"数量"小于"100"的信息记录的方法，具体操作方法如下。

Step 01 打开包含"产品出厂信息"表的数据库，在"创建"选项卡中的"查询"组内单击"查询设计"按钮，如图4-72所示。

Step 02 弹出"显示表"对话框，将"产品出厂信息"表添加到"查询1"窗口。随后在"产品出厂信息"表中分别双击"产品名称""产品编号""数量"字段，将这三个字段依次添加

第4章 查询的创建

109

到下方的"字段"行中，如图4-73所示。

图 4-72

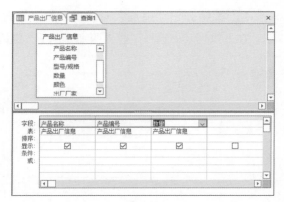

图 4-73

Step 03 在"数量"字段下的"条件"单元格中输入"<100"，如图4-74所示。

Step 04 在"查询设计"选项卡中的"查询类型"组中单击"删除"按钮，如图4-75所示。

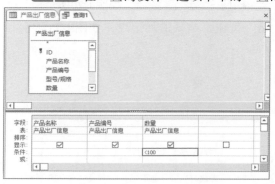

图 4-74

图 4-75

Step 05 在"产品出厂信息"表中选择"*"选项，按住鼠标左键，向下方设计网格中的"字段"行的第一个单元格上拖动，如图4-76所示。松开鼠标左键后自动添加该字段，如图4-77所示。

图 4-76

图 4-77

Step 06 单击Access窗口右下角的"数据表视图"按钮，如图4-78所示。

Step 07 切换到"数据表视图"模式，此时在该视图模式中可以看到数量小于100的所有产品信息，按Ctrl+S组合键，弹出"另存为"对话框，输入"查询名称"，单击"确定"按钮保存查询，如图4-79所示。

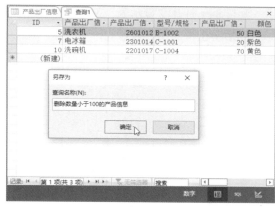

图 4-78   图 4-79

Step 08 在导航窗格中双击新建的"删除数量小于100的产品信息"查询，系统随即弹出警告对话框，单击"是"按钮，如图4-80所示。

Step 09 再次弹出一个警告对话框，单击"是"按钮，如图4-81所示。

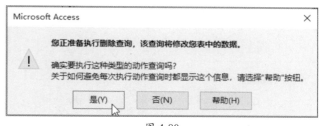
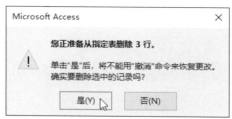

图 4-80   图 4-81

Step 10 "产品出厂信息"表中"数量"小于100的信息随即被删除，被删除的信息将无法恢复，如图4-82所示。

图 4-82

4.3.4 生成表查询

生成表查询即利用一张或多张表的全部或部分数据新建一张表，以对数据库中一部分特定数据进行备份，可将查询生成的数据转换成表数据。具体操作步骤如下。

Step 01 打开包含"库存统计"表的数据库，打开"创建"选项卡，在"查询"组中单击"查询设计"按钮，如图4-83所示。

Step 02 打开"显示表"对话框，选中"库存统计"表，单击"添加"按钮，如图4-84所示，随后单击"关闭"按钮。

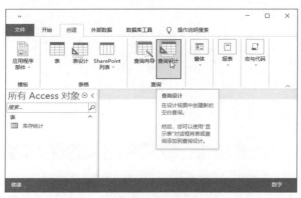

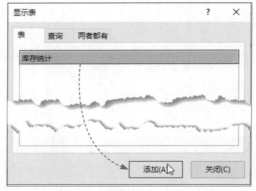

图 4-83　　　　　　　　　　　　　　　　　　　图 4-84

Step 03 在"查询1"窗口中的"库存统计"表中分别双击"品名""初期数量""当前数量"字段，将这三个字段依次添加到下方的"字段"行中，如图4-85所示。

Step 04 在"查询设计"选项卡中的"查询类型"组中单击"生成表"按钮，如图4-86所示。

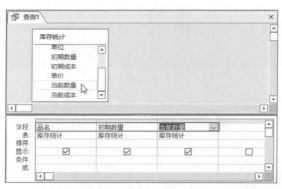

图 4-85　　　　　　　　　　　　　　　　　　　图 4-86

Step 05 弹出"生成表"对话框，在"表名称"文本框中输入表名称，单击"确定"按钮，如图4-87所示。

Step 06 在"查询设计"选项卡中的"结果"组中单击"运行"按钮，如图4-88所示。

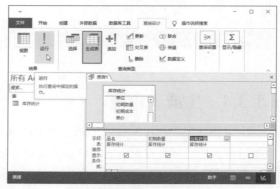

图 4-87　　　　　　　　　　　　　　　　　　　图 4-88

Step 07 弹出警告对话框，单击"是"按钮进行确认，如图4-89所示。

Step 08 数据库中随即自动生成通过查询创建的"期初和当前库存"表，如图4-90所示。

图 4-89

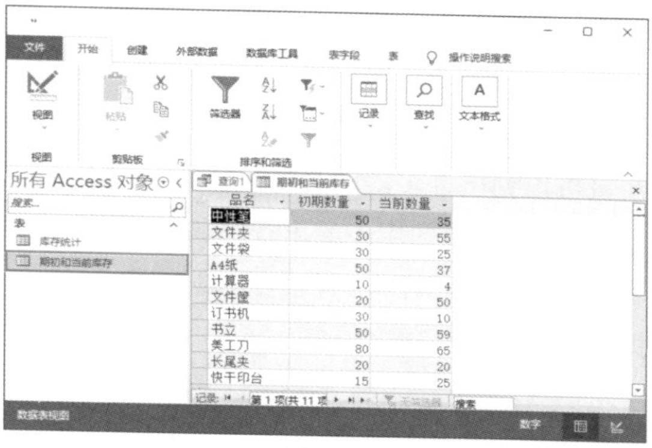

图 4-90

Step 09 打开"查询1"窗口，按Ctrl+S组合键，弹出"另存为"对话框，输入"查询名称"，单击"确定"按钮可保存当前查询，如图4-91所示。

图 4-91

4.4 结构化查询语言（SQL）

SQL查询是使用SQL语句创建的结构化查询。SQL查询包括联合查询、传递查询、数据定义查询和子查询等。SQL查询语句是业界通用的关系数据库的数据处理规范，它独立于平台，具有较好的开放性、可移植性和可扩展性。

4.4.1 SELECT语句

SELECT语句是创建SQL查询中最常用的语句，它指示Microsoft Jet数据库引擎返回数据库中的信息，此时将数据库看作记录的集合。

SELECT语句的语法格式如下：

```
SELECT [predicate] { * | table.* | [table.]field1 [AS alias1] [,    [table.]field2 [AS alias2] [, ...]]}
FROM tableexpression [, ...] [IN externaldatabase]
[WHERE... ]
[GROUP BY... ]
[HAVING... ]
[ORDER BY... ]
[WITH OWNERACCESS OPTION]
```

SELECT语句最常用的三个关键字分别是SELECT、FROM和WHERE。

SELECT子句用于指定字段的名称，只有指定的字段才能在查询集中出现。不过有一点例外，如果希望检索到表中的所有字段信息，那么可以使用星号（*）代替列出所有的字段名称，且列出的字段顺序与表定义的字段顺序相同。

FROM子句用于列出查询所涉及的表的名称。在FROM子句中不仅可以列出一张表的名称，而且可以列出许多表的名称。当然，列出的表都是要查询的对象。

WHERE子句用于给出查询的条件，只有匹配这些选择条件的记录才能出现在结果中。

除了这三个子句外，还可以使用SELECT语句中的其他子句进一步限制和组织已返回的数据，若需要了解更多信息，可参见所用子句的主题帮助。SELECT语句各部分参数的作用如表4-1所示。

表4-1　SELECT 语句各参数的意义

参数	意义
predicate	下列谓词之一：ALL、DISTINCT、DISTINCTROW 或 TOP。使用谓词可以限制返回的记录数。如果不指定，则默认为 ALL
*	指定选择所指定的表中的所有字段
table	表的名称，该表包含从中选择记录的字段
field1, field2	字段名，这些字段包含要检索的数据。如果包括多个字段，将按列出顺序对它们进行检索
alias1, alias2	用作列标题的名称，不是表中的原始列名
tableexpression	表的名称，表中包含要检索的数据
externaldatabase	包含 tableexpression 中所列表的数据库的名称（如果这些表不在当前数据库中）

4.4.2　使用SQL语句修改个性查询的条件

使用SQL语句可以直接在SQL视图中修改已建立查询中的条件。本例数据库中的"订单金额5万至10万"查询，其查询条件为"50000"至"100000"，下面使用SQL语句把该条件更改为"100000"至"1000000"。

Step 01 在数据库中打开"订单金额5万至10万"查询，打开"开始"选项卡，单击"视图"下拉按钮，在下拉列表中选择"SQL 视图"选项，如图4-92所示。

Step 02 打开的查询窗口随即切换到"SQL视图"模式，窗口中显示SQL语句，如图4-93所示。

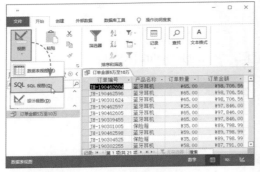

图 4-92

图 4-93

Step 03 将“Between [50000] And [100000]”修改为“Between [100000] And [1000000]”，打开“查询设计”选项卡，单击“运行”按钮，如图4-94所示。

文件
开始
创建
外部数据
数据库工具
查询设计
操作说明搜索
视图
运行
结果
选择
生成表
追加
更新
交叉表
删除
联合
传递
数据定义
查询类型
查询设置
显示/隐藏
所有 Access 对象
搜索...
表
订单信息
查询
订单金额5万至10万
SELECT 订单信息.订单编号, 订单信息.产品名称, 订单信息.订单数量, 订单信息.订单金额
FROM 订单信息
WHERE (((订单信息.订单金额) Between [100000] And [1000000]))
ORDER BY 订单信息.订单金额 DESC;
窗体视图
数字

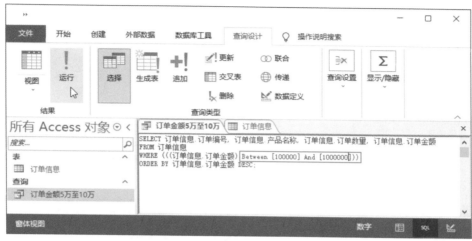

图 4-94

Step 04 弹出“输入参数值”对话框，分别输入“100000”和“1000000”，如图4-95和图4-96所示。

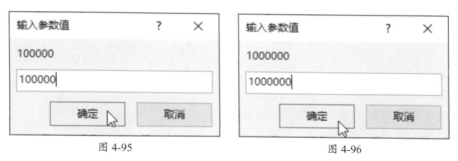

输入参数值
100000
100000
确定
取消

图 4-95

输入参数值
1000000
1000000
确定
取消

图 4-96

Step 05 查询窗口中随即显示符合新条件的数据，如图4-97所示。

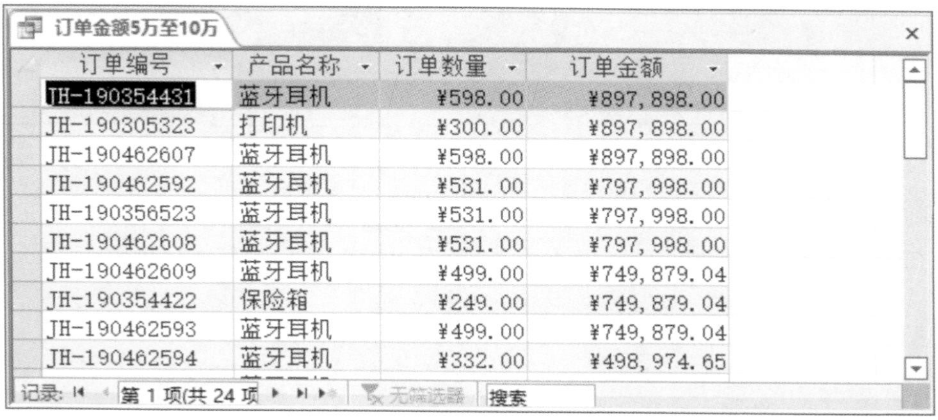

订单金额5万至10万
订单编号 产品名称 订单数量 订单金额
JH-190354431 蓝牙耳机 ¥598.00 ¥897,898.00
JH-190305323 打印机 ¥300.00 ¥897,898.00
JH-190462607 蓝牙耳机 ¥598.00 ¥897,898.00
JH-190462592 蓝牙耳机 ¥531.00 ¥797,998.00
JH-190356523 蓝牙耳机 ¥531.00 ¥797,998.00
JH-190462608 蓝牙耳机 ¥531.00 ¥797,998.00
JH-190462609 蓝牙耳机 ¥499.00 ¥749,879.04
JH-190354422 保险箱 ¥249.00 ¥749,879.04
JH-190462593 蓝牙耳机 ¥499.00 ¥749,879.04
JH-190462594 蓝牙耳机 ¥332.00 ¥498,974.65
记录: 第 1 项(共 24 项
无筛选器
搜索

图 4-97

本章内容对查询的创建和编辑进行了详细介绍，下面使用"总计查询"对表中的数据进行汇总，统计每种商品的销售金额。

Step 01 打开包含"电子产品销售记录"表的数据库，在"创建"选项卡中单击"查询设计"按钮，如图4-98所示。

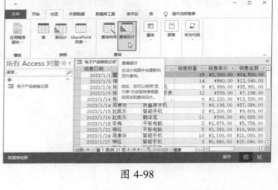

图 4-98

Step 02 弹出"显示表"对话框，选中表名称，单击"添加"按钮，如图4-99所示，随后单击"关闭"按钮。

图 4-99

Step 03 数据库中随即打开"查询1"窗口，在"电子产品销售记录"表中分别双击"商品名称"和"销售金额"字段，将其依次添加到窗口下方的"字段"行中，如图4-100所示。

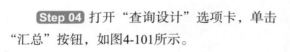

图 4-100

Step 04 打开"查询设计"选项卡，单击"汇总"按钮，如图4-101所示。

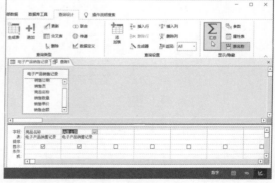

图 4-101

Step 05 窗口底部的查询设计区域中随即显示"总计"行，将光标定位于"销售金额"字段下的"总计"单元格内，单击下拉按钮，在下拉列表中选择"合计"选项，如图4-102所示。

图 4-102

Step 06 在"查询设计"选项卡中的"结果"组中单击"运行"按钮，运行总计查询，如图4-103所示。

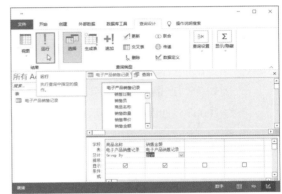

图 4-103

Step 07 "查询1"窗口中随即显示出查询结果，此时查询表中显示每种商品销售金额的总计结果，如图4-104所示。

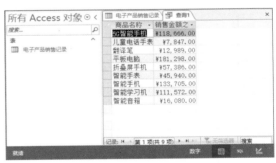

图 4-104

Step 08 最后按Ctrl+S组合键，打开"另存为"对话框，输入查询名称，单击"确定"按钮，保存该查询，如图4-105所示。

图 4-105

新手答疑

1. Q：如何在查询设计区域中插入空列或删除字段？

 A：在"设计视图"模式下的查询设计区域中选中目标字段，切换到"查询设计"选项卡，在"查询设置"组中单击"插入列"按钮，可在目标字段左侧插入空列。若单击"删除列"按钮，可删除目标字段，如图4-106所示。

图 4-106

2. Q：如何为多个字段设置同时满足多个条件？

 A：在"设计视图"模式下的查询设计区域中，分别在"条件"行中为多个字段设置条件，例如为"产品名称"字段设置条件为"蓝牙耳机"，为"订单数量"字段设置条件为">1000"，如图4-107所示，即可生成同时满足多个条件的查询，如图4-108所示。

图 4-107

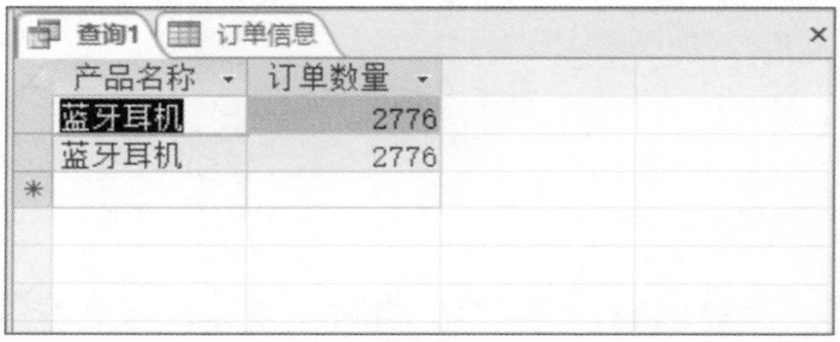

图 4-108

3. Q：如何为多个字段设置满足多个条件之一？

 A：在"设计视图"模式下的查询设计区域中，分别在"条件"行以及"或"行中为多个字段设置条件，例如在"产品名称"字段下方的"条件"单元格中输入条件为"蓝牙耳机"，在"订单数量"字段下方的"或"单元格中输入条件为">1000"，如图4-109所示。表中的数据只要满足其中一个条件即可显示在查询中，如图4-110所示。

图 4-109

图 4-110

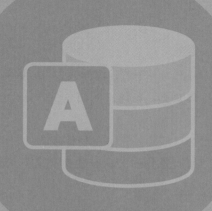

第5章
窗体的设计

优秀的数据库系统不但要有结构合理的表、灵活方便的查询，还应该有一个外观简洁、功能强大的用户界面。窗体的存在，为用户提供了查看、接收、编辑数据的平台，使数据库的信息显示变得更加灵活。本章将介绍Access数据库中窗体的基本知识。

5.1 窗体概述

窗体可以与表和查询协同工作，可以将表或查询中的字段在屏幕上进行显示，还可以插入文本、图像、声音和视频，使界面丰富多彩。

5.1.1 窗体的组成

窗体一般由若干部分组成，每部为一个节，窗体最多可以拥有5个节，分别是窗体页眉、页面页眉、主体节、页面页脚和窗体页脚。窗体中的信息可以分布在多个节中，所有窗体都必须有主体节。

在"设计视图"中，节表现为区段形式，并且窗体包含的每一个节都出现一次。在打印窗体时，页面页眉和页面页脚可以每页重复一次。通过放置控件（如标签和文本框）可以确定每个节中信息的显示位置。

1. 窗体页眉

窗体页眉用于显示每一条记录的内容说明，例如窗体的标题。在窗体视图中，窗体页眉显示在屏幕的顶部，在打印时，窗体页眉显示在第一页顶部。

2. 页面页眉

页面页眉用于显示诸如标题、图像、列标题，或用户要在每一打印页上方显示的内容。页面页眉只显示在用于打印的窗体上。

3. 主体节

主体节用于显示记录。可以在屏幕或页上只显示一个记录，或按其大小尽可能多地显示记录。

4. 页面页脚

页面页脚用来显示诸如日期、页码或用户要在每一打印页的下方显示的内容。页面页脚只显示在用于打印的窗体上。

5. 窗体页脚

窗体页脚用来显示用户为每一条记录显示的内容，例如命令按钮和使用窗体的指导。在窗体视图中，窗体页脚只在屏幕的底部显示，在打印时，窗体页脚显示在最后一页的最后一个主体节之后。

5.1.2 窗体的类型

Access数据库的窗体大致可以分成纵栏式窗体、表格式窗体、表窗体、图表向导、数据透视表、主/子窗体和分割窗体等。几种窗体类型如下。

1. 纵栏式窗体

纵栏式窗体是最基本的、内置式窗体格式，一次只显示一条记录，适用于字段多、资料记录条数少的情况。由于界面上同时只能显示一条记录，因而若想查看其他记录或数据，可使用鼠标拖动垂直滚动条或单击界面底部的记录移动按钮。

2. 表格式窗体

表格式窗体以表格形式的结构在同一个界面显示多条记录，使用时刚好和"纵栏式窗体"相反，适合数据记录条数较多的情况。"表格式窗体"看起来和"数据表视图"有几分相似，最上面一行是字段名称，接下来的每一行是数据记录，差异在于表格式窗体经过修饰后，视觉效果更好。

3. 表窗体

表窗体也是数据工作表，它是将我们熟知的表运用到窗体上方，显示数据库中最原始的数据信息。

4. 图表向导

和其他Office成员一样，在Access中可以使用Graph制作统计图表，适合整理、归纳、比较及进一步分析数据。

5. 数据透视表

数据透视表和"交叉表查询"的结果类似，用来统计及交叉分析各种信息间的影响，所进行的计算与数据在数据透视表中的排列有关。例如，可水平或垂直显示字段值，再计算每行或每列的合计；可将字段值作为行号或列标，在交叉点进行统计计算。

6. 主／子窗体

主/子窗体又称为多重表窗体。目的是在窗体中呈现出两张一对多的表，也就是所谓的"主文件-明细文件"数据。当移动主文件的一条记录时，将自动显示相对应的明细文件资料。

7. 分割窗体

"分割窗体"是传统"纵栏式窗体"和"表窗体"类型的结合。其窗体上部显示窗体数据源所有数据记录的数据表，其窗体下部显示为传统单一窗体的形式。这种类型的窗体给原来习惯于Excel数据操作的用户带来很大的方便，同时给初级用户在窗体上利用按钮或组合框等控件完成数据筛选功能提供了快捷应用方案。

5.1.3 窗体的作用

设计良好的窗体能够使数据库操作变得轻松，并且可以让用户的数据库系统更富有变化，显示出在数据库设计方面的专业化水平。Access数据库的窗体主要用来完成以下任务。

1. 显示和操作记录

显示和操作记录是窗体最常见的使用方式。利用窗体可以显示某条记录，并对它进行更改和删除等操作，还可以输入新的记录。所有这些操作都能够对数据库进行相应的改变。

2. 显示信息

窗体可以提供使用应用程序的方式或即将发生的操作的信息。例如，在要删除一条记录时，要求进行确认。

3. 控制应用程序流程

窗体可以利用宏或者VBA自动进行某些数据的实现与操作，可以控制下一步的流程，如执行查询、打开另一个窗口。

4. 打印信息

可以将窗体中的信息打印出来，并加上页眉和页脚。在后面的章节中还将介绍如何设计更有效的报表来打印信息。

 ## 5.2　创建窗体

Access数据库之间的接口是窗体对象。窗体为用户提供数据编辑、数据接收、数据查看和信息显示等功能，本节介绍几种不同的创建窗体的方法。

5.2.1　自动创建窗体

自动创建窗体的方法十分简单。下面以"订单信息"表为例进行介绍，具体操作步骤如下。

Step 01 打开数据库，当数据库中包含多张表时，需要在导航窗格中选中要创建窗体的表，此处选择"订单信息"表，随后打开"创建"选项卡，在"窗体"组中单击"窗体"按钮，如图5-1所示。

Step 02 系统随即自动创建"订单信息"窗体，该窗体中包含"订单信息"表中的所有字段，如图5-2所示。

图 5-1

图 5-2

Step 03 单击窗体底部的"下一条记录""上一条记录""第一条记录""尾记录"等按钮，可依次查看表中的记录，如图5-3所示。

Step 04 创建的窗体需要及时保存。右击窗体名称标签，在弹出的快捷菜单中选择"保存"选项，如图5-4所示。在随后弹出的"另存为"对话框中设置窗体名称，单击"确定"按钮，即可保存窗体。

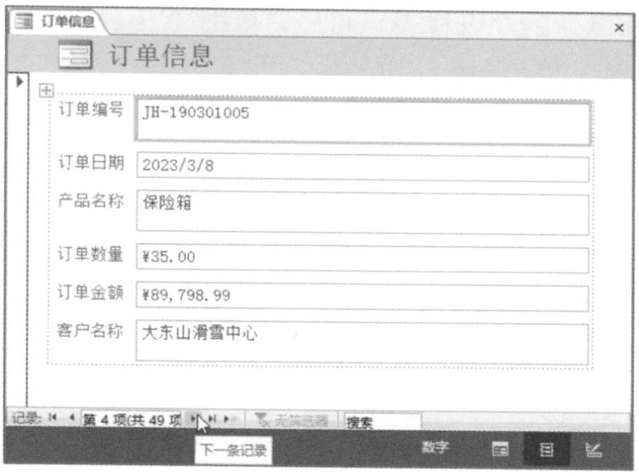

图 5-3

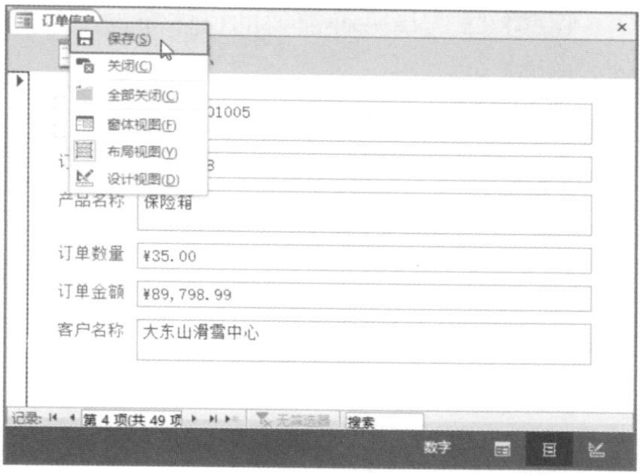

图 5-4

动手练 使用窗体向导创建窗体

利用"窗体"工具快速创建的窗体，默认显示表中的所有字段，用户若要自己选择显示于窗体中的字段，则可以使用向导来创建窗体。下面介绍具体的操作步骤。

Step 01 打开数据库，切换到"创建"选项卡，在"窗体"组中单击"窗体向导"按钮，如图5-5所示。

图 5-5

Step 02 打开"窗体向导"对话框，在"表/查询"列表中选择要创建窗体的表，在"可用字段"列表中选择一个需要添加到窗体中的字段，单击 > 按钮，将其添加到右侧"选定字段"列表框中，如图5-6所示。

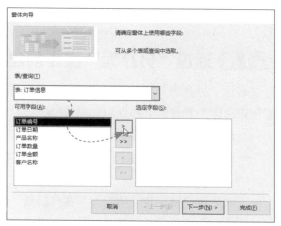

图 5-6

Step 03 继续将"可用字段"列表框中的其他字段添加到"选定字段"列表框中，单击"下一步"按钮，如图5-7所示。

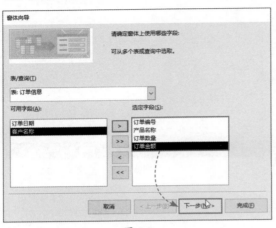 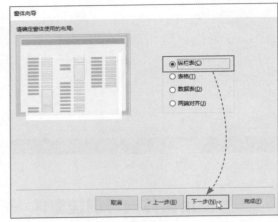

Step 04 选择一种需要的窗体布局，此处使用默认的"纵栏表"布局，单击"下一步"按钮，如图5-8所示。

图 5-7   图 5-8

Step 05 在"请为窗体指定标题"文本框中输入标题，单击"完成"按钮，如图5-9所示。

Step 06 数据库中随即自动创建窗体。该窗体中仅显示指定的字段，此时该窗体已经自动保存，不需要再手动执行保存操作，如图5-10所示。

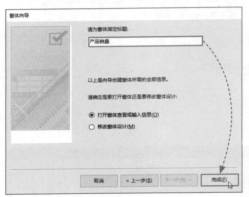 

图 5-9   图 5-10

动手练 通过"另存为"操作创建窗体

通过"另存为"操作可以将数据库中的指定对象保存为表、查询、窗体或报表，通过该功能创建窗体主要有以下特点。

- 此窗体继承了来自数据表的属性，例如输入掩码、格式等，但也可以重新设置属性。
- 此窗体显示数据表的所有字段；如果数据表已经和其他表有关联，则在此窗体中会有子窗体显示。

下面使用"另存为"功能为"客户信息"表自动创建窗体。

Step 01 打开需要创建窗体的表，此处在导航窗格中双击"客户信息"表，将其打开，随后单击"文件"按钮，如图5-11所示。

Step 02 选择"文件"|"另存为"选项，在打开的界面中选择"对象另存为"选项，单击"另存为"按钮，如图5-12所示。

Access数据库基础与应用标准教程（实战微课版）

图 5-11

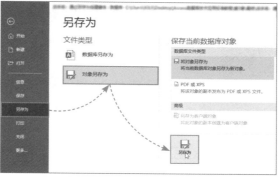

图 5-12

Step 03 弹出"另存为"对话框。在文本框中输入名称，设置"保存类型"为"窗体"，单击"确定"按钮，如图5-13所示。

Step 04 数据库中随即创建相应窗体，窗体中默认显示所选表中的所有字段，如图5-14所示。

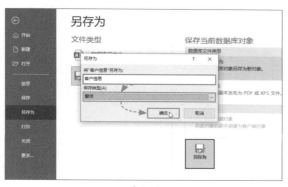

图 5-13

图 5-14

5.2.2　创建空白窗体

若想创建不带任何字段的窗体，即从头开始设计窗体，可以创建空白窗体，然后再逐步对窗体进行设计完善。

在"创建"选项卡中的"窗体"组中单击"空白窗体"按钮，如图5-15所示。数据库中随即创建"窗体1"空白窗体，如图5-16所示。

图 5-15

图 5-16

动手练 向空白窗体中添加字段

创建空白窗体后可以通过"字段列表"向窗体中添加字段，下面介绍具体操作方法。

Step 01 在"字段列表"窗格中单击"显示所有表"按钮，如图5-17所示。

Step 02 窗格中随即显示当前数据库中的所有表名称，单击需要使用的表左侧的田按钮，如图5-18所示。

图 5-17

图 5-18

Step 03 窗格中随即展开所选表中的全部字段，双击需要的字段，即可将该字段添加到窗体中，如图5-19所示。

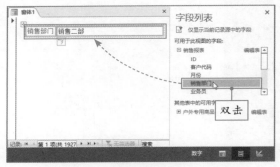

图 5-19

Step 04 继续双击其他字段，可继续向窗体中添加更多字段，如图5-20所示。

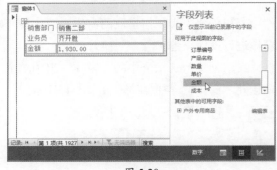

图 5-20

5.2.3　创建多项目窗体

若要在窗体中同时显示多条记录，可以创建多项目窗体。下面为"户外专用商品"表中的数据创建多项目窗体。

首先，在数据库中打开"户外专用商品"表，切换到"创建"选项卡，在"窗体"组中单击"其他窗体"下拉按钮，在下拉列表中选择"多个项目"选项，如图5-21所示。随后，数据库中会创建一个多项目窗体，并在布局视图中显示"户外专用商品"表中的数据，如图5-22所示。

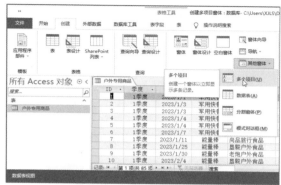

图 5-21

图 5-22

动手练 创建"导航窗体"

当数据库中包含多个窗体时，为了方便在多个窗体之间快速切换，可以创建"导航窗体"。下面介绍具体操作方法。

Step 01 打开"创建"选项卡，在"窗体"组中单击"导航"下拉按钮，在下拉列表中选择一种"导航窗体"的样式，此处选择"水平标签"选项，如图5-23所示。

图 5-23

Step 02 随即在"布局视图"中打开新建的"导航窗体"，如图5-24所示。

图 5-24

Step 03 在"窗体"中选择一个窗体，按住鼠标左键向"导航窗体"中的"新增"标签上拖动，如图5-25所示。

Step 04 该窗体随即被添加到"导航窗体"中，随后使用上述方法继续向"导航窗体"中添加其他窗体，如图5-26所示。

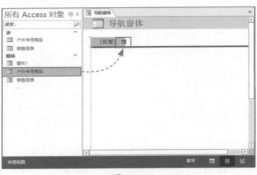
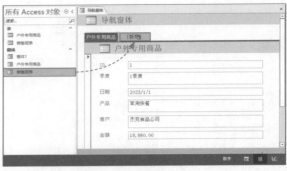

图 5-25   图 5-26

Step 05 在"导航窗体"中单击名称标签，即可在各窗体间来回切换，如图5-27所示。最后按Ctrl+S组合键，打开"保存"对话框，保存导航窗体即可。

图 5-27

5.2.4 在"设计视图"中创建窗体

在"设计视图"中也可创建窗体。下面以"订单信息"表中的数据为例进行介绍，具体操作步骤如下。

Step 01 在"创建"选项卡中的"窗体"组中单击"窗体设计"按钮，如图5-28所示。

Step 02 数据库中随即打开"窗体1"，并自动切换至"设计视图"模式。打开"表单设计"选项卡，在"工具"组中单击"属性表"按钮，如图5-29所示。

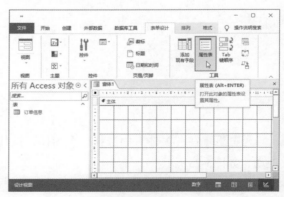

图 5-28   图 5-29

Step 03 窗口右侧随即打开"属性表"窗格，此时默认打开的是"全部"选项卡，单击"记录源"右侧 ⋯ 按钮，如图5-30所示。

Step 04 弹出"显示表"对话框，单击"添加"按钮，如图5-31所示，随后单击"关闭"按钮，关闭对话框。

图 5-30

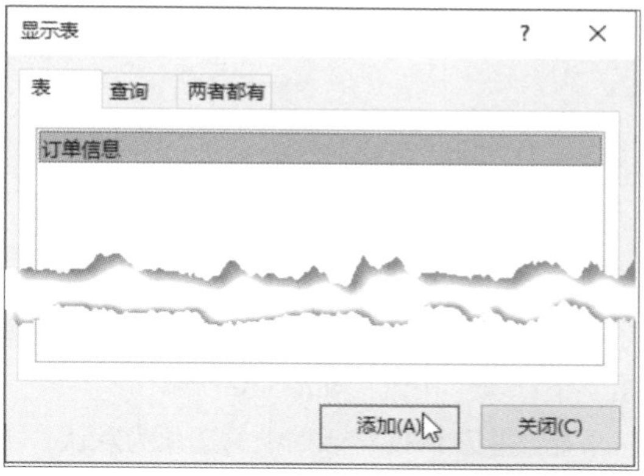

图 5-31

Step 05 数据库中自动打开"窗体1：查询生成器"，其中显示刚添加的"销售统计"表，在该表中分别双击"订单编号""产品名称""订单数量""订单金额"字段，将其依次添加到底部设计区域中的"字段"行中，如图5-32所示。

Step 06 字段添加完成后，按Ctrl+S组合键执行保存操作，随后右击"窗体1：查询生成器"标签，在弹出的快捷菜单中选择"关闭"选项，如图5-33所示。

图 5-32

图 5-33

Step 07 返回"窗体1"，打开"表单设计"选项卡，在"控件"组中展开所有控件列表，选择"列表框"选项，如图5-34所示。

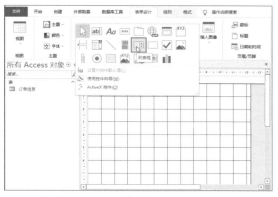

图 5-34

Step 08 将光标移动到窗体设计区域，按住鼠标左键不放同时拖动光标，绘制列表框，如图5-35所示。

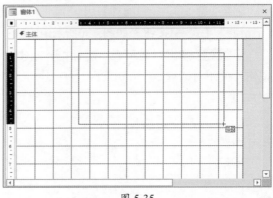

图 5-35

Step 09 绘制完毕后，自动弹出"列表框向导"对话框，保持对话框中的选项为默认，单击"下一步"按钮，如图5-36所示。

Step 10 保持对话框中的选项为默认，单击"下一步"按钮，如图5-37所示。

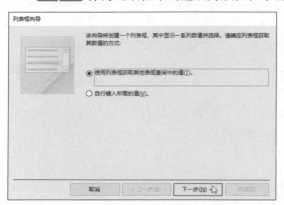

图 5-36

图 5-37

Step 11 将"可用字段"列表框中的"产品名称""订单数量""订单金额"字段添加到"选定字段"列表框中，随后单击"下一步"按钮，如图5-38所示。

Step 12 单击"1"右侧的下拉按钮，在下拉列表中选择"订单金额"选项，随后单击"下一步"按钮，如图5-39所示。

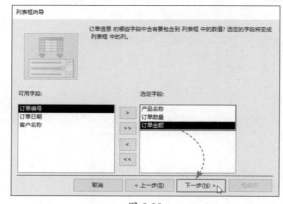

图 5-38

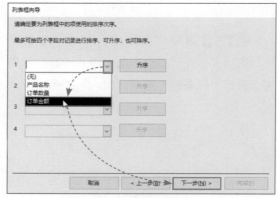

图 5-39

Step 13 不做任何设置，单击"下一步"按钮，如图5-40所示。

Step 14 保持对话框中的选项为默认，单击"下一步"按钮，如图5-41所示。

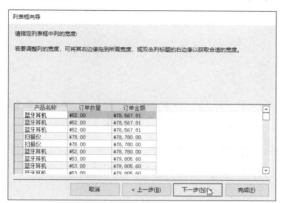

图 5-40

图 5-41

Step 15 保持对话框中的选项为默认，单击"下一步"按钮，如图5-42所示。

Step 16 在"请为列表框指定标签"文本框中输入"产品销量"，单击"完成"按钮，如图5-43所示。

图 5-42

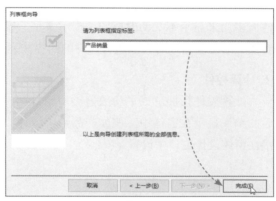

图 5-43

Step 17 在"表单设计"选项卡中单击"视图"下拉按钮，在下拉列表中选择"窗体视图"选项，如图5-44所示。

Step 18 在"窗体视图"中可查看到所添加的字段的具体信息，如图5-45所示。最后保存窗体即可。

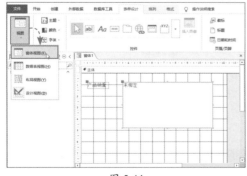

图 5-44

图 5-45

5.3　窗体和控件的设计

创建窗体后，为了让窗体更美观且易于读取，还需要对窗体进行适当的设计。窗体的设计通常在"设计视图"中进行。

5.3.1　控件的类型

控件是在窗体、报表和数据访问页涉及的重要组件，凡是可在窗体、报表上选取的对象都是控件，主要用于数据显示、操作执行和对象的装饰。控件种类不同，其功能也就不同。可以使用的控件位于"设计"选项卡中的"控件"组中，包括标签、文本框、列表框、选项卡控件等。依照使用来源及属性的不同，可分为"组合控件""非组合控件"及"计算控件"三种。

1. 组合控件

所谓的组合控件指的是和表中的字段相联，当移动窗体上的记录指针时，该控件的内容将会动态改变。使用"窗体向导"创建的图表式窗体属于此类控件。

2. 非组合控件

非组合控件指未与数据源形成对应关系的控件，其定义恰好和"组合控件"相反。此类控件大多用来显示不变动的标题、提示文字，或者是美化窗体的线条、圆形、矩形等对象。移动窗体上的记录指针时，非组合控件的内容并不会随之更改。

3. 计算控件

计算控件指加总或平均数值类型的数据，其来源是表达式而非字段值，Access只是将运算后的结果显示在窗体中。例如产品销售统计，可先建立查询，再利用查询功能产生窗体，或直接在窗体设计窗口中设置。

动手练 **调整控件大小和位置** ●─────────────────────

 在对窗体设计过程中，还可以对控件进行按需设计，包括调整控件的位置和大小、美化控件等，具体的操作步骤如下。

Step 01 打开"订单信息"窗体，在"开始"选项卡中单击"视图"下拉按钮，在下拉列表中选择"设计视图"选项，如图5-46所示。

图 5-46

Step 02 当前窗体随即切换到"设计视图"模式。将光标移动到"订单编号"文本框右侧，此时光标变成↔形状，如图5-47所示。

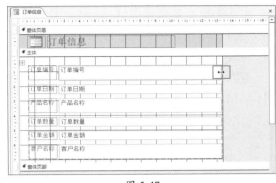

图 5-47

Step 03 按住鼠标左键进行拖动可以快速调整文本框的大小，如图5-48所示。

Step 04 单击选中控件，控件被选中后，线条会变为黄色加粗状态，将光标移动到所选控件的边线上，光标变成形状时按住鼠标左键进行拖动，如图5-49所示。

图 5-48

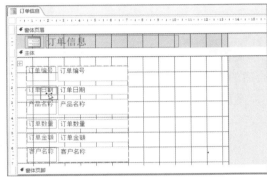

图 5-49

Step 05 当目标位置出现黄色的粗实线时松开鼠标左键，如图5-50所示，所选控件随即被移动到目标位置，如图5-51所示。

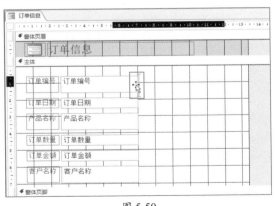

图 5-50

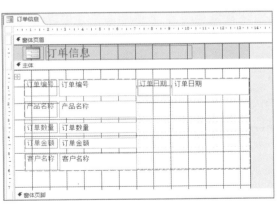

图 5-51

动手练 控件的布局和美化

设置窗体中控件的布局方式，即颜色、线条样式等，可以让窗体看起来更美观。下面介绍具体操作方法。

Step 01 在数据库中打开窗体，并切换到"设计视图"模式。使用鼠标拖选的方式选中窗体主体中的所有控件。在"排列"选项卡的"调整大小和排序"组中单击"大小/空格"下拉按钮，在下拉列表中选择"正好容纳"选项，如图5-52所示。

Step 02 在"位置"组中单击"控件填充"下拉按钮，在下拉列表中选择"宽"选项，如图5-53所示。

图 5-52   图 5-53

Step 03 在"格式"选项卡的"字体"组中单击"背景色"下拉按钮，在下拉列表中选择合适的颜色，如图5-54所示。

Step 04 随后在"字体"组中设置字体、字体颜色以及对齐方式，如图5-55所示。

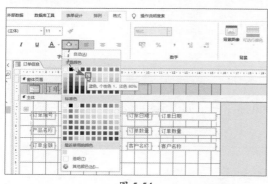 

图 5-54   图 5-55

Step 05 切换回"窗体视图"，可查看窗体控件的设置效果，如图5-56所示。

图 5-56

5.3.2 调整窗体区域的大小

窗体的空白区域可以放置各种类型的控件，在"设计视图"中可以对窗体区域的大小进行调整，以便更好地排列以及编辑控件。

打开窗体并切换到"设计视图"模式，将光标移动到窗体区域的边界或右下角，光标变成双向箭头或十字箭头时按住鼠标左键进行拖动，可调整窗体区域的大小，如图5-57所示。

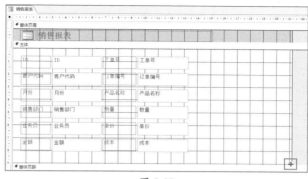

图 5-57

5.3.3　设置窗体页眉页脚

窗体的页眉页脚中可以添加文字、图片或其他控件等。下面介绍窗体页眉页脚的设置方法。

在数据库中打开窗体并切换到"设计视图"模式。在"窗体页眉"或"窗体页脚"处双击，打开"属性表"窗格，在窗格中可对页眉或页脚的"高度""背景色""特殊效果"以及其他属性进行设置，如图5-58所示。

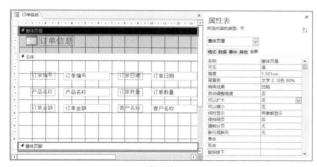

图 5-58

在"设计视图"模式中打开"表单设计"选项卡，在"页眉/页脚"组中包含"徽标""标题""日期和时间"按钮，通过这些按钮可向页眉或页脚中添加图片、标题以及日期和时间，如图5-59所示。

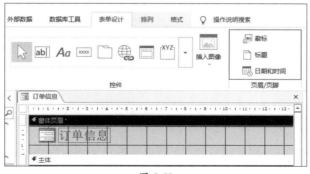

图 5-59

动手练 设置窗体背景

若用户觉得默认的空白窗体太单调，还可以为窗体添加图片作为背景，以起到美化窗体的效果，具体的操作步骤如下。

Step 01 打开窗体并切换到"设计视图"模式，在"格式"选项卡的"背景"组中单击"背景图像"下拉按钮，在下拉列表中选择"浏览"选项，如图5-60所示。

Step 02 弹出"插入图片"对话框，选择需要使用的图片，单击"确定"按钮，如图5-61所示。

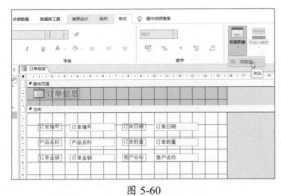

图 5-60

图 5-61

Step 03 窗体随即被填充图片背景，切换回"窗体视图"查看效果，如图5-62所示。

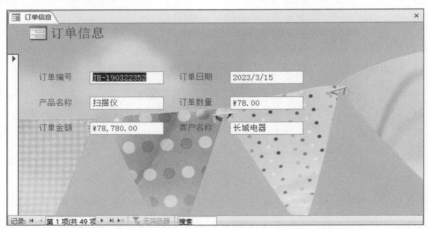

图 5-62

案例实战——创建办公设备销售窗体

本章主要对窗体的创建及设置进行详细介绍，下面以"办公设备销售信息"表中的数据为例创建窗体，并对窗体进行编辑。

Step 01 打开包含"办公设备销售信息"表的数据库，切换到"创建"选项卡，单击"窗体"按钮，如图5-63所示。

Step 02 随即创建"办公设备销售信息"窗体，并自动切换为"布局视图"。此时该窗体中默认包含"办公设备销售信息"表中的所有字段，选中窗体中的任意一个对象，随后单击左上

角的  按钮，选中窗体中的所有对象，如图5-64所示。

图 5-63   图 5-64

Step 03 打开"开始"选项卡，在"文本格式"组中设置所选对象中的字体格式。将字体设置为"华文细黑"，字号为"14"。随后选中窗体的标题，将字体设置为"微软雅黑"，如图5-65所示。

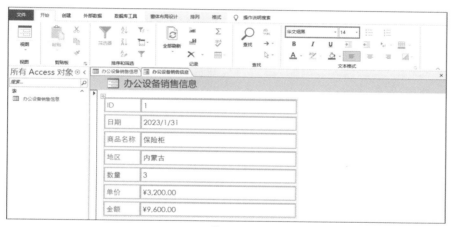

图 5-65

Step 04 在窗体中选中"金额"对象，打开"格式"选项卡，单击"条件格式"按钮，如图5-66所示。

Step 05 弹出"条件格式规则管理器"对话框，单击"新建规则"按钮，如图5-67所示。

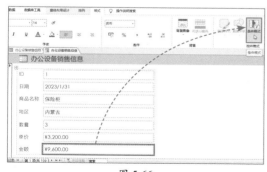

图 5-66   图 5-67

Step 06 打开"新建格式规则"对话框，在"仅为符合条件的单元格设置格式"组中设置"字段值""大于或等于""5000"，随后在对话框底部设置字体为"红色""加粗"，单击"确定"按钮，如图5-68所示。返回上一级对话框，再次单击"确定"按钮，关闭对话框。

Step 07 此时金额文本框中的数值大于或等于5000时将以红色加粗字体显示，如图5-69
所示。

图 5-68

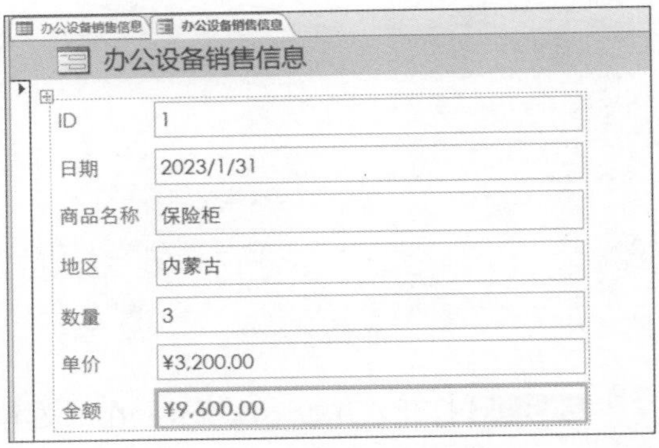

图 5-69

Step 08 单击选中ID标签对象，接着按住Ctrl键单击ID标签右侧的文本框，如图5-70所示。

Step 09 按Delete键将ID字段从窗体中删除，如图5-71所示。

图 5-70

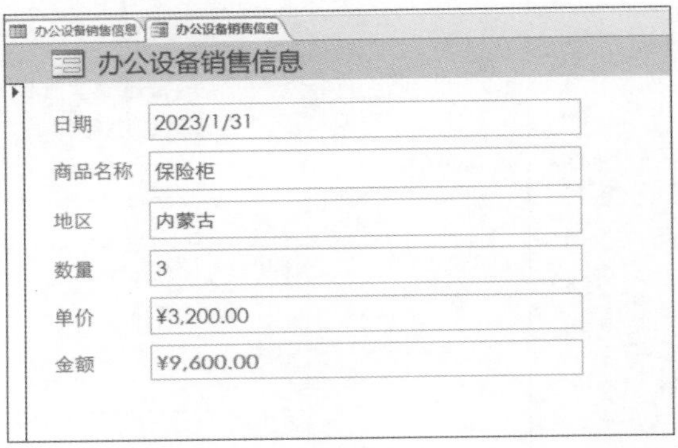

图 5-71

Step 10 双击"商品名称"标签，使该标签进入可编辑状态，如图5-72所示。

Step 11 删除"名称"两个字，使窗体中所有标签的文本数量相同，如图5-73所示。

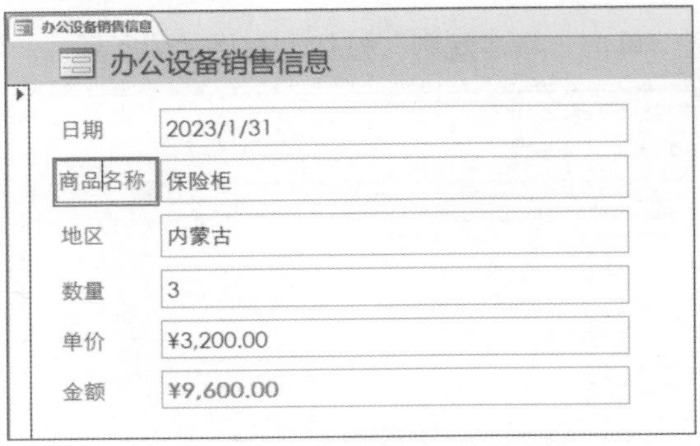

图 5-72

图 5-73

Step 12 切换到"格式"选项卡，在"所选内容"组中单击"对象"下拉按钮，在下拉列表中选择"主体"选项，将窗体的主体选中，随后在"控件格式"组中单击"形状填充"下拉按钮，在下拉列表中选择合适的颜色，如图5-74所示。窗体的主体随即被所选颜色填充。

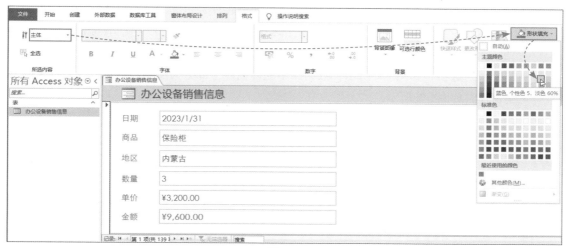

图 5-74

Step 13 按Ctrl+S组合键，弹出"另存为"对话框，保存窗体名称为系统默认名称，单击"确定"按钮，保存窗体，如图5-75所示。

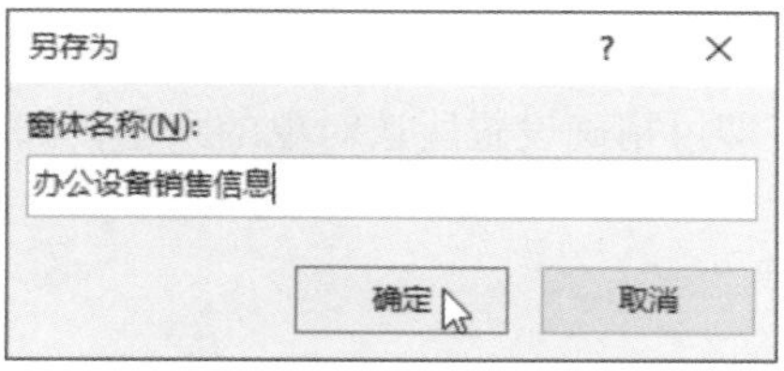

图 5-75

Step 14 至此完成"办公设备销售信息"窗体的制作，效果如图5-76所示。

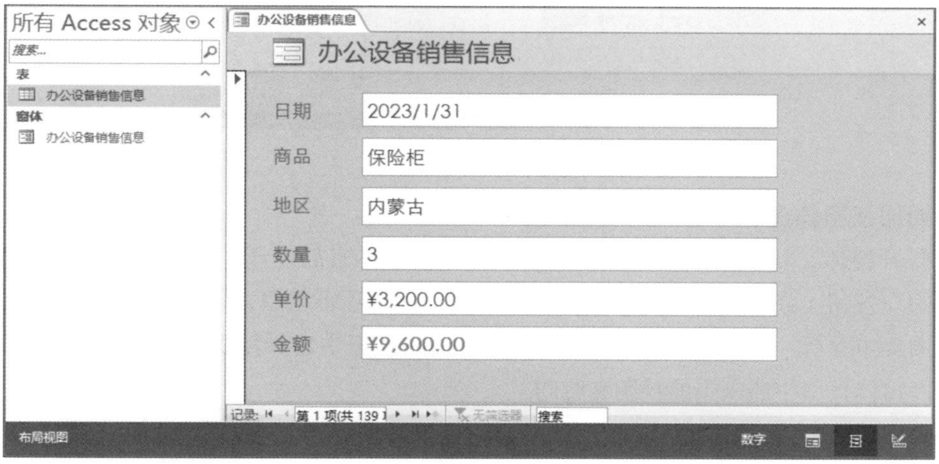

图 5-76

新手答疑

1. Q：如何创建分割窗体？

A：分割窗体集合了单个窗体和数据表窗体，使用数据库提供的"分割窗体"功能即可创建分割窗体。打开数据库，在导航窗格中选中要创建窗体的"户外专用商品"表，打开"创建"选项卡，在"窗体"组中单击"其他窗体"下拉按钮，在下拉列表中选择"分割窗体"选项，如图5-77所示。数据库中随即创建上部分为窗体、下部分为数据表的分割窗体，如图5-78所示。

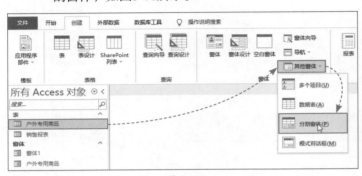

图 5-77　　　　　　　　　　　　　　　　　　图 5-78

2. Q：如何精确设置窗体对象的大小？

A：打开窗体，在"布局视图"或"设计视图"中打开"属性表"窗格，输入"高度"和"宽度"的具体参数，即可精确设置所选对象的大小，如图5-79所示。

图 5-79

3. Q：如何在窗体页眉中显示日期和时间？

A：打开窗体，切换到"布局视图"模式，在"窗体布局设计"选项卡中单击"日期和时间"按钮（或在"设计视图"的"表单设计"选项卡中单击"日期和时间"按钮），如图5-80所示。在随后弹出的"日期和时间"对话框中选择需要的日期和时间格式，即可在窗体页眉中插入当前日期和时间。

图 5-80

第6章
报表的设计

报表是Access的对象之一，也是数据库应用的最终目的。用户可以控制报表上每个控件的大小和外观，按照所需的方式显示信息，以便于查看结果。本章将对Access数据库中报表的相关知识进行详细介绍。

数据库是大量数据的集合，会衍生出许多与数据相关的操作，例如新建、修改、删除、查询、打印等，每一种功能都有相对应的对象与之匹配。因此，每种对象各司其职、互不侵犯，但共享数据源。而报表就扮演着专门的数据打印功能的角色。

报表是打印数据的专门工具，打印前可事先排序与分组数据，但无法在"报表窗口"模式中更改数据；而第5章介绍的窗体恰好相反，除了美化输入界面外，主要目的就是维护数据记录。二者恰好相辅相成。

6.1.1 报表的类型

Access提供了丰富多样的报表样式，主要有纵栏式报表、表格式报表、图表式报表和标签报表4种类型。

1. 纵栏式报表

纵栏式报表也称为窗体报表。它是数据表中的字段名纵向排列的一种数据显示方式，其格式是在报表的一页上以垂直方式显示，在报表的"主体"显示数据表的字段名与字段内容。

2. 表格式报表

表格式报表是字段名横向排列的数据显示方式。它类似于数据表的格式，以行、列的形式输出数据，因此可以在一页上输出报表的多条记录内容。此类报表格式适宜输出记录较多的数据表，便于保存与阅览。

3. 图表式报表

图表式报表是用图形来显示数据表中的数据或统计结果。类似Excel中的图表，图表可直观地展示数据之间的关系。

4. 标签报表

标签报表是一种特殊的报表格式。将每条记录中的数据按照标签的形式输出，例如，实际应用中可制作学生表的标签，用来邮寄学生的通知、信件等。

6.1.2 报表的组成

在报表设计窗口中包含7个节，数据可置于任一节。每一节任务不同，适合放置不同的数据。7个节分别如下。

1. 主体

主体是输出数据的主要区域，一般用来设计每行输出数据表字段的内容，所以此节在设计窗口中的高度等于打印后的一条记录的高度。高度越高，表示打印后各条记录之间的距离越大，反之越小。

2. 页面页眉、页面页脚

页面页眉会在每页上方显示，页面页脚则在每页下方显示。通常页面页眉放置字段名称，如公司抬头、报表名称等信息，页面页脚放置页码等信息。

3. 报表页眉、报表页脚

报表页眉在报表的顶部，只显示在报表的第一页最上方，适合放置如报表标题等信息。报表页脚则显示在最后一条记录的下方，适合放置一些统计数据。

4. 组页眉、组页脚

组页眉是输出分组的有关信息，一般用来放置分组的标题或提示信息。组页脚也是输出分组的有关信息，一般用来放置分组的小计、平均值等。

6.1.3　报表和窗体的区别

报表和窗体是Access数据库的两个不同对象，是Access数据库的主要操作界面，两者显示数据的形式类似，但输出目的不同。

窗体是交互式界面，可用于屏幕显示。用户通过窗体可以对数据进行筛选、分析，也可以对数据进行输入和编辑。而报表是数据的打印结果，不具有交互性。

窗体可以用户控制程序流程操作，其中包含一部分功能控件，如命令按钮、单选按钮、复选框等，这些是报表所不具备的。报表中包含较多控件的是文本框和标签，以实现报表的分类、汇总等功能。

6.2　报表的创建和设计

建立报表和建立窗体类似，可以用很多种方法。其中，可以首先利用自动报表功能或报表向导快速创建报表，然后再在"设计视图"中对所创建的报表进行修改。

6.2.1　自动创建报表

用户可以为数据库中的表或查询创建报表，操作方法如下。

Step 01 打开数据库，在导航窗格中选择"订单详情"表，切换到"创建"选项卡，在"报表"组中单击"报表"按钮，如图6-1所示。

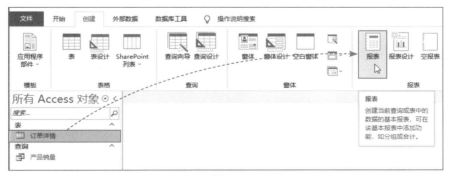

图 6-1

Step 02 数据库中随即会根据表中的内容自动创建报表，如图6-2所示。

图 6-2

Step 03 创建报表后还需对报表执行保存操作，按Ctrl+S组合键，在弹出的"另存为"对话框中设置好"报表名称"，单击"确定"按钮即可，如图6-3所示。

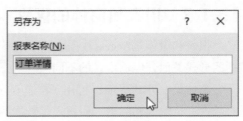

图 6-3

6.2.2 使用向导创建报表

使用报表工具自动创建报表时，表或查询中的所有字段都会出现在报表中，用户若只想将指定的某些字段添加到报表中，同时指定数据的分组和排序方式，可以使用"报表向导"创建报表。若事先指定了表与查询之间的关系，使用报表向导还可以使用来自多张表或查询的字段。

多数报表为表格式，在设计窗口从无到有建立表格式报表会很麻烦，所以建议尽量使用报表向导，可节省在报表上的排版时间。其中，"创建"选项卡的"报表"组中的几个选项的功能如下。

1. 报表

创建当前查询或表中的数据的基本报表，可以在该基本报表中添加功能，如分组或合计。

2. 标签

启动标签向导，创建标准标签或自定义标签。

3. 空报表

新建空报表，可以在其中插入字段和控件，并可设计该报表。

4. 报表向导

启动报表向导，帮助用户创建简单的自定义报表。

5. 报表设计

在"设计视图"中新建一个空报表。在"设计视图"中可以对报表进行高级设计更改，例如添加自定义控件类型及编写代码。

动手练 使用表中的指定字段创建报表

使用表中的指定字段创建报表步骤如下。

Step 01 在数据库中打开需要创建报表的表，切换到"创建"选项卡，在"报表"组中单击"报表向导"按钮，如图6-4所示。

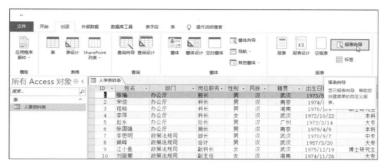

图 6-4

Step 02 打开"报表向导"对话框，在"可用字段"列表框中选择字段，单击 > 按钮，依次将所需字段添加到"选定字段"列表框中，随后单击"下一步"按钮，如图6-5所示。

Step 03 在左侧列表中选择"部门"选项，单击 > 按钮，如图6-6所示。

图 6-5

图 6-6

Step 04 "部门"字段随即被添加到右侧列表框顶部，如图6-7所示。

图 6-7

Step 05 继续选择"岗位职务"字段，单击 > 按钮，将所选字段添加到右侧列表框中，单击"下一步"按钮，如图6-8所示。

Step 06 单击第一个文本框右侧的下拉按钮，在下拉列表中选择"出生日期"选项，随后单击"下一步"按钮，如图6-9所示。

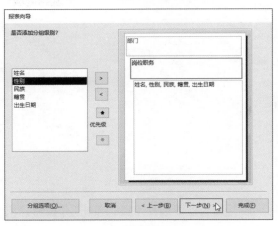

图 6-8

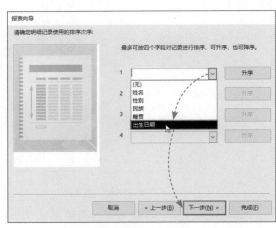

图 6-9

Step 07 在"布局"组中选中"块"单选按钮，在"方向"选项组中选中"纵向"单选按钮，单击"下一步"按钮，如图6-10所示。

Step 08 保持"请为报表指定标题"文本框中的标题为默认，单击"完成"按钮，如图6-11所示。

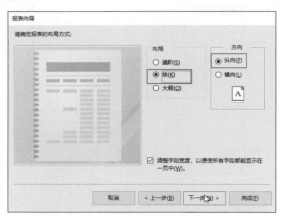

图 6-10

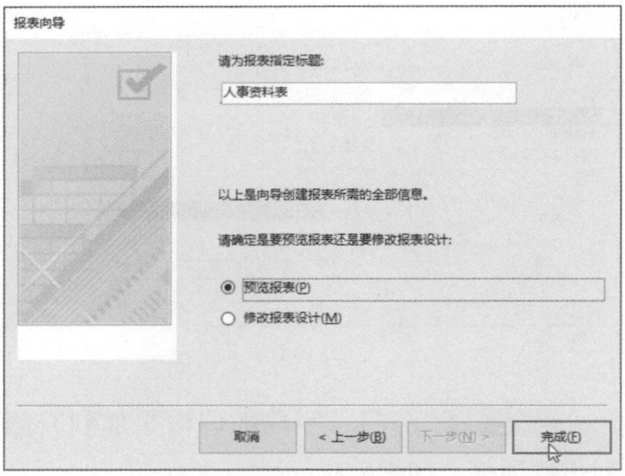

图 6-11

Step 09 数据库中随即创建"人事资料表"报表，效果如图6-12所示。

图 6-12

Access数据库基础与应用标准教程（实战微课版）

动手练 创建标签报表

用户还可以使用标签向导轻松创建各种标准大小的标签，下面以创建考试成绩标签为例，介绍具体操作步骤。

Step 01 打开数据库，在导航窗格中选择或打开"考试成绩"表，切换到"创建"选项卡，在"报表"组中单击"标签"按钮，如图6-13所示。

图 6-13

Step 02 弹出"标签向导"对话框，在"请指定标签尺寸"列表框中选择需要的标签尺寸，此处保持默认选中的尺寸，单击"下一步"按钮，如图6-14所示。

Step 03 在"文本外观"组中设置好"字体""字号""字体粗细""文本颜色"等，单击"下一步"按钮，如图6-15所示。

图 6-14

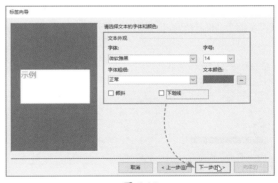

图 6-15

Step 04 在"可用字段"列表框中选择"准考证号"选项，单击 `>` 按钮，如图6-16所示，所选项随即被添加到"原型标签"列表框中，如图6-17所示。

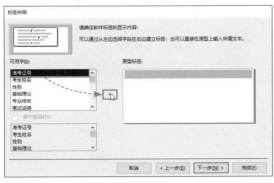

图 6-16

图 6-17

Step 05 在"原型标签"列表框中将光标定位于"{准考证号}"内容之前,输入文本"准考证号:",如图6-18所示。

Step 06 在"原型标签"列表框中按Enter键增加新字段行,随后在"可用字段"列表框中选择"考生姓名"字段,单击 ▶ 按钮,如图6-19所示。将所选字段添加到"原型标签"列表框中的新字段行中。

图 6-18

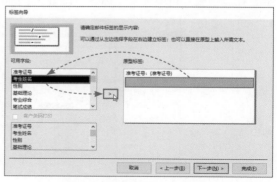

图 6-19

Step 07 在"{考生姓名}"内容左侧输入"考生姓名:"文本,随后参照上述步骤继续向"原型标签"列表框中添加其他字段,并输入说明文字,接着单击"下一步"按钮,如图6-20所示。

Step 08 在"可用字段"列表框中选择"准考证号"字段,单击 ▶ 按钮,将其添加到"排序依据"列表框中,单击"下一步"按钮,如图6-21所示。

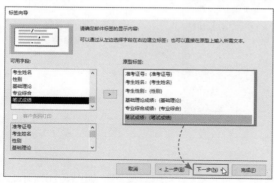

图 6-20

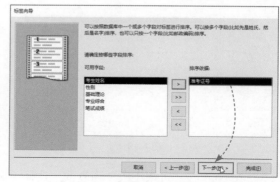

图 6-21

Step 09 保持对话框中的报表名称以及其他选项为默认,单击"完成"按钮,如图6-22所示。

图 6-22

Access数据库基础与应用标准教程(实战微课版)

Step 10 数据库中随即自动创建"标签考试成绩"报表，并以"打印预览"模式显示，如图6-23所示。

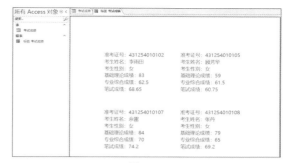

图 6-23

6.2.3 在报表页眉中插入图片

若用户对Access的操作足够多，可以通过"设计视图"创建报表，或在"布局视图"中对设计报表进行布局。下面将在"布局视图"中向报表页眉中插入LOGO图片。

Step 01 打开"人事资料表"报表，在"开始"选项卡中单击"视图"下拉按钮，在下拉列表中选择"布局视图"选项，如图6-24所示。

Step 02 报表随即切换到"布局视图"，在"报表布局设计"选项卡的"页眉/页脚"组中单击"徽标"按钮，如图6-25所示。

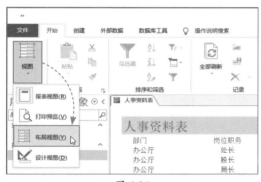

图 6-24

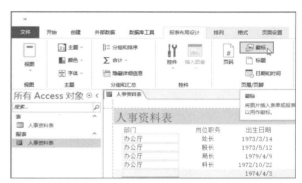

图 6-25

Step 03 弹出"插入图片"对话框，选择需要使用的图片，单击"确定"按钮，如图6-26所示。所选图片随即被插入报表页眉位置，如图6-27所示。

图 6-26

图 6-27

Step 04 选中图片，将光标移动到图片边缘处，光标变成双向箭头时按住鼠标左键进行拖动，调整图片的大小，随后将图片拖动到合适位置，如图6-28所示。

图 6-28

6.2.4　创建分组和排序报表

分组和计算是报表的重要功能。分组的目的是以某指定字段为依据，将与此字段有关的记录打印在一起。计算功能则可使用在任意报表，不一定非与分组功能共同设置。但是，常在分组报表中加入更多计算功能，这样的计算才有分析意义。下面介绍在"设计视图"中创建分组报表的具体操作方法。

Step 01 打开"食品销售"表，在"创建"选项卡中的"报表"组内单击"报表"按钮，如图6-29所示。

图 6-29

Step 02 数据库中随即自动创建"食品销售"报表，打开"报表布局设计"选项卡，单击"视图"下拉按钮，在下拉列表中选择"设计视图"选项，如图6-30所示。

Step 03 在当前选项卡中的"分组和汇总"组中单击"分组和排序"按钮，如图6-31所示。

图 6-30

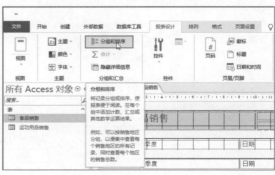

图 6-31

Step 04 窗口下方随即打开"分组、排序和汇总"窗格，该窗格中包含"添加组"和"添加排序"两个按钮，单击"添加组"按钮，如图6-32所示。

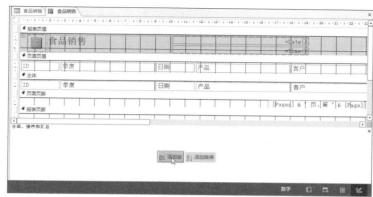

图 6-32

Step 05 在展开的列表中选择"季度"选项，将分组字段设置为"季度"字段，如图6-33所示。

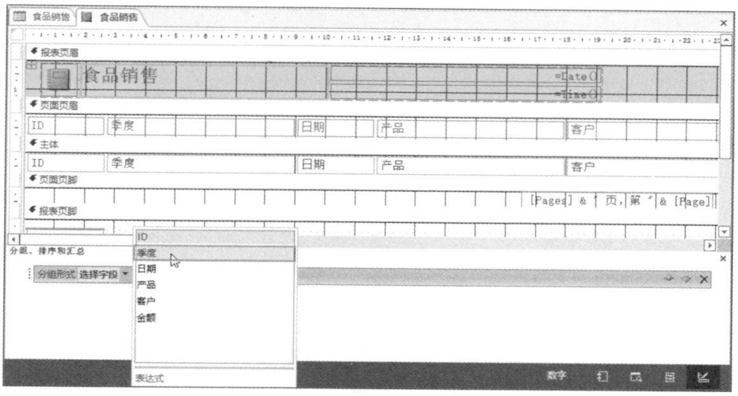

图 6-33

Step 06 随后单击"添加排序"按钮，如图6-34所示。

Step 07 在弹出的列表中选择"金额"选项，如图6-35所示。

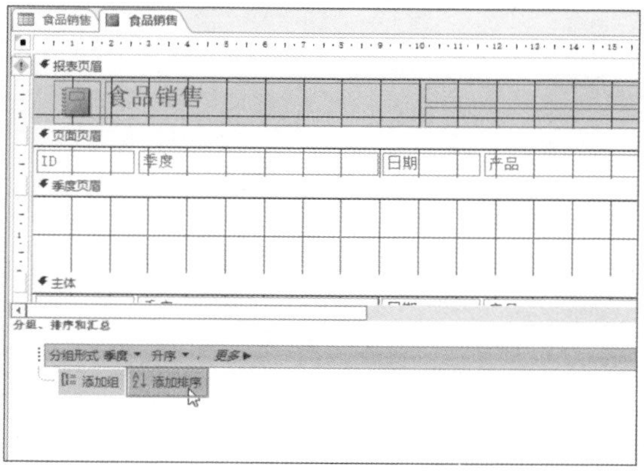

图 6-34   图 6-35

Step 08 右击报表名称标签，在弹出的快捷菜单中选择"保存"选项，如图6-36所示。

Step 09 弹出"另存为"对话框，使用默认的报表名称，单击"确定"按钮，如图6-37所示。

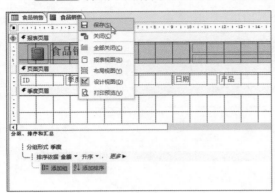

图 6-36

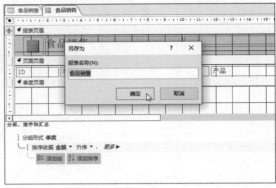

图 6-37

Step 10 保存报表后在导航窗格中双击"食品销售"报表，自动切换到"报表视图"，此时可以看到所有数据按"季度"字段进行了分组，并按照"金额"字段中的数值升序排序，如图6-38所示。

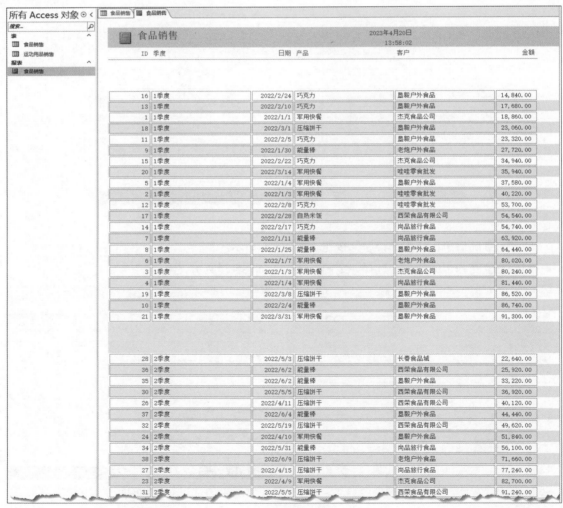

图 6-38

6.3 打印报表

报表不同于窗体，报表的目的主要是强调最后的输出与格式。报表每页打印的记录数与每条记录的高度有关，高度越高，则可打印记录数越少，每条记录的高度等于主体的高度。在报表的常用节中，页眉在每页顶端，页脚在每页底部，且最后一页的页面页脚通常在报表页脚下方。

图 6-39

6.3.1 设置报表页面

页面设置包括纸张大小、页边距、打印方向等的设置。由于报表必须通过打印机输出，所以也可以在报表中针对打印机做打印前的更改。下面介绍为报表设置页面的具体操作方法。

在导航窗格中右击需要设置页面的报表，在弹出的快捷菜单中选择"打印预览"选项，切换到"打印预览"模式，如图6-39所示。

通过打印预览选项卡中的命令按钮可对纸张大小、页边距、纸张方向等进行设置，如图6-40所示。

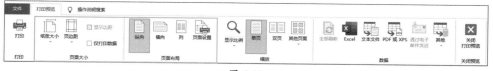

图 6-40

在"打印预览"选项卡中单击"页面设置"按钮，打开"页面设置"对话框，通过对话框中提供的选项，可对页边距、纸张方向、纸张大小等进行设置，如图6-41和图6-42所示。

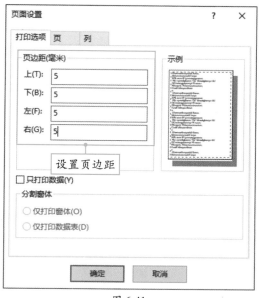

图 6-41

图 6-42

动手练 调整列宽

默认生成的报表的字段宽度也许不利于数据的展示和打印，此时可以对列宽进行调整。

Step 01 打开报表，在窗口底部单击"布局视图"按钮，切换到"布局视图"模式，如图6-43所示。

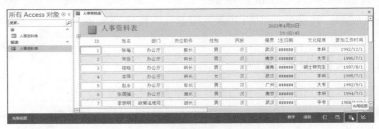

图 6-43

Step 02 选中需要调整宽度的字段的标题，将光标移动到标题边缘，此时光标变成双向箭头，如图6-44所示。

Step 03 按住鼠标左键同时拖动光标调整宽度，如图6-45所示。拖动到合适的位置后松开鼠标左键即可，调整列宽的效果如图6-46所示。

2023年4月20日 16:03:47		
籍贯	生日期	文化程度
武汉	######	本科
南京	######	大专
湖南	######	硕士研究生
武汉	######	本科
广州	######	大专
南京	######	本科
武汉	######	中专

图 6-44

2023年4月20日 16:03:47		
籍贯	生日期	文化程度
武汉	######	本科
南京	######	大专
湖南	######	硕士研究生
武汉	######	本科
广州	######	大专
南京	######	本科
武汉	######	中专

图 6-45

2023年4月20日 16:03:47		
籍贯	出生日期	文化程度
武汉	1973/5/12	本科
南京	1974/4/3	大专
湖南	1976/2/9	硕士研究生
武汉	1972/10/22	本科
广州	1973/3/14	大专
南京	1979/4/9	本科
武汉	1970/9/7	中专

图 6-46

知识延伸

除了使用鼠标拖曳的方式快速调整列宽，也可通过"属性表"精确设置列宽。在"布局视图"中选择要调整宽度的字段标题，切换到"报表布局设计"选项卡，单击"属性表"按钮，打开"属性表"窗格，在"全部"选项卡中输入"高度"值，即可精确调整所选字段的列宽，如图6-47所示。

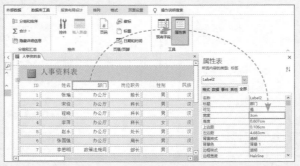

图 6-47

6.3.2 强制分页打印报表

在默认情况下，报表会依纸张大小及各节高度自动分页，若本页不够打印时，便会自动移至下页，如图6-48所示。

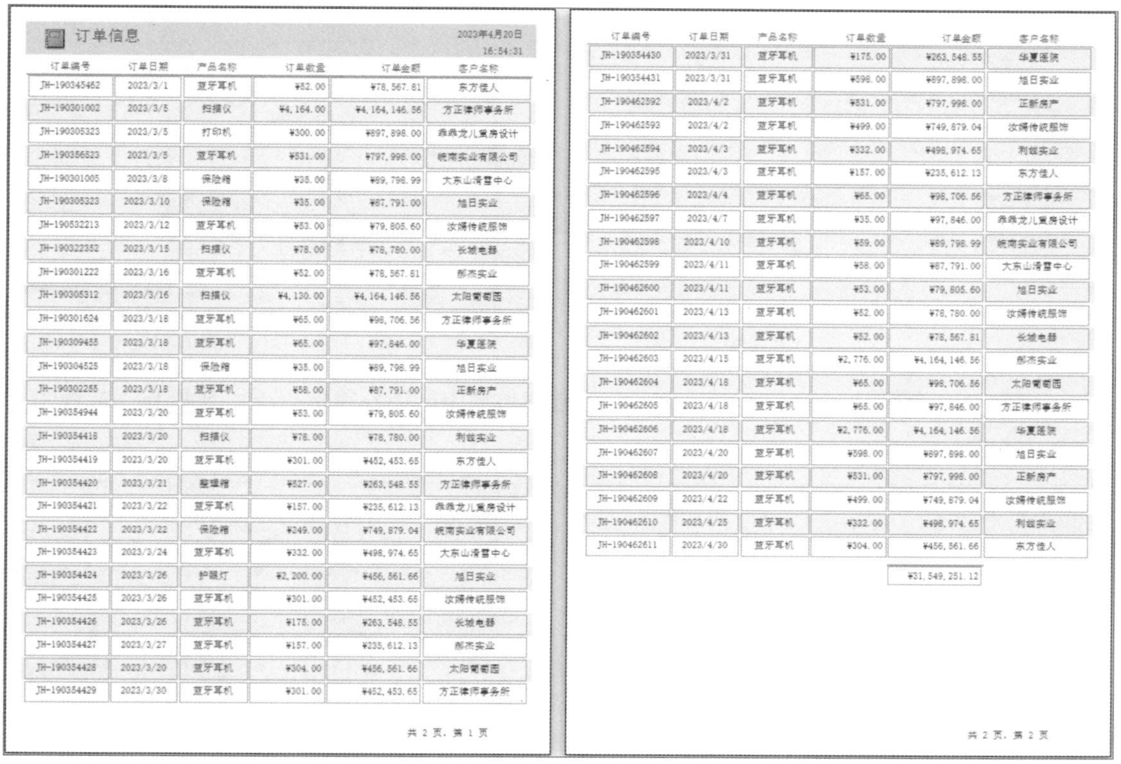

图 6-48

用户也可根据需要让报表从指定的位置分页打印。下面介绍具体操作方法。

Step 01 打开报表，右击报表名称标签，在弹出的快捷菜单中选择"布局视图"选项，如图6-49所示。

图 6-49

Step 02 在"报表布局设计"选项卡的"工具"组中单击"属性表"按钮，打开"属性表"窗格，单击窗格顶部下拉按钮，在下拉列表中选择"报表页眉"选项，如图6-50所示。

Step 03 单击"强制分页"右侧下拉按钮，在下拉列表中选择"节后"选项，如图6-51所示。

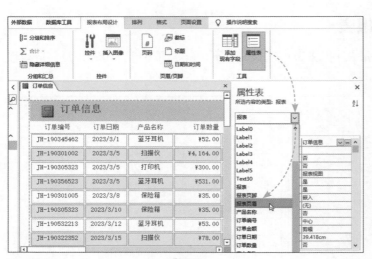

图 6-50   图 6-51

Step 04 切换到"打印预览"模式，可以看到报表中的内容自页眉之后被强制分页打印，如图6-52所示。

图 6-52

动手练 使用分组功能分页打印同类数据

在"分组、排序和分组"窗口中可以设置"保持同页"属性。有3个选项可供选择，分别是不将组放在同一页上、将整个组放在同一页上、将页眉和第一条记录放在同一页上。前两个选项分别代表分组而无法打印在同一页时的处理。具体操作如下。

Access 数据库基础与应用标准教程（实战微课版）

Step 01 在数据库中打开"订单信息"报表，在窗口右下角单击"布局视图"按钮，切换到"布局视图"，如图6-53所示。

图 6-53

Step 02 打开"报表布局设计"选项卡，在"分组和汇总"组中单击"分组和排序"按钮，打开"分组、排序和汇总"窗格，如图6-54所示。

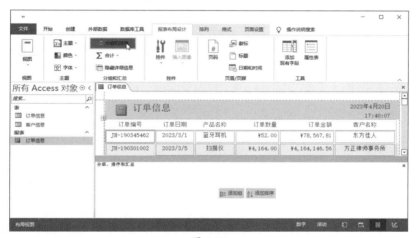

图 6-54

Step 03 在"分组、排序和汇总"窗格中单击"添加组"按钮，如图6-55所示。

图 6-55

Step 04 在展开的列表中选择"产品名称"字段，如图6-56所示。

Step 05 单击"更多"按钮，如图6-57所示。

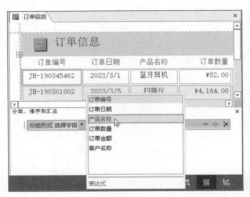

| 图 6-56 | 图 6-57 |

Step 06 单击"不将组放在同一页上"右侧的下拉按钮,在下拉列表中选择"将整个组放在同一页上"选项,如图6-58所示。

Step 07 单击窗口右下角的"打印预览"按钮,切换到"打印预览"模式,如图6-59所示。

| 图 6-58 | 图 6-59 |

Step 08 在"打印预览"模式中可以看到,报表中的数据根据分组的完整性自动分页显示,如图6-60所示。

图 6-60

动手练 分列打印报表

当报表中字段较少时往往不能占满整页纸，这便导致纸张一半为空白，打印出来既不美观也浪费纸张，如图6-61所示。下面介绍如何将报表中的数据自动分列打印。

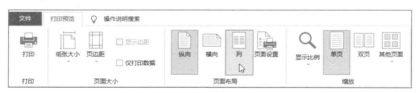

图 6-61

Step 01 打开报表，切换到"打印预览"模式，在"打印预览"选项卡的"页面布局"组中单击"列"按钮，如图6-62所示。

图 6-62

Step 02 弹出"页面设置"对话框，在"列数"文本框中输入"2"，在"宽度"文本框中输入"9cm"，单击"确定"按钮，如图6-63所示。

Step 03 报表中的内容随即被自动分为两列打印，如图6-64所示。

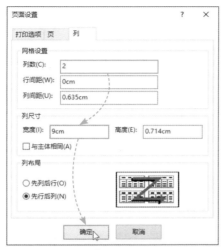

图 6-63

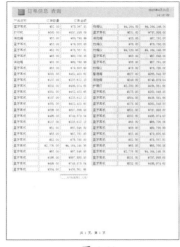

图 6-64

6.3.3 设置打印范围及打印份数

打印报表时默认打印报表中的所有页面数据,且只打印一份,用户可根据需要对这些参数进行修改。

Step 01 打开需要打印的报表,并切换到"打印预览"模式。在"打印预览"选项卡中单击"打印"按钮,如图6-65所示。

图 6-65

Step 02 弹出"打印"对话框,在"打印范围"组中可选择打印全部页面,或设置打印指定范围的页面;在"份数"组中可设置"打印份数",如图6-66所示。

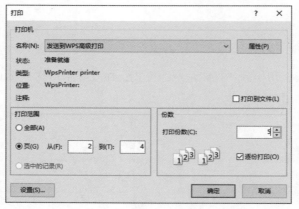

图 6-66

案例实战——创建薪酬统计报表

本章对报表的基础知识、报表的创建、编辑以及打印等进行了详细介绍,下面综合应用本章所学知识创建薪酬统计报表。

Step 01 在数据库中打开"薪酬统计"表,切换到"创建"选项卡,在"报表"组中单击"报表"按钮,如图6-67所示。

图 6-67

Step 02 按住Ctrl键，依次选择工号、姓名、部门字段中的任意一个单元格，将这三个字段同时选中。在"报表布局设计"选项卡的"工具"组中单击"属性表"按钮，打开"属性表"窗格，如图6-68所示。

图 6-68

Step 03 在"属性表"的"全部"选项卡中设置"宽度"值为"2.6cm"，批量设置所选字段的宽度，如图6-69所示。

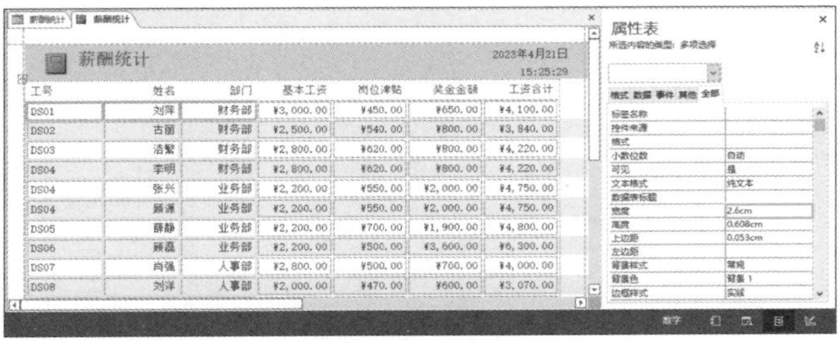

图 6-69

Step 04 选中主体中的任意一个单元格，此时主体左上角会显示⊞图标，单击该图标，选中主体中的所有单元格。打开"开始"选项卡，在"文本格式"组中单击"居中"按钮，将所选文本设置为居中显示，如图6-70所示。

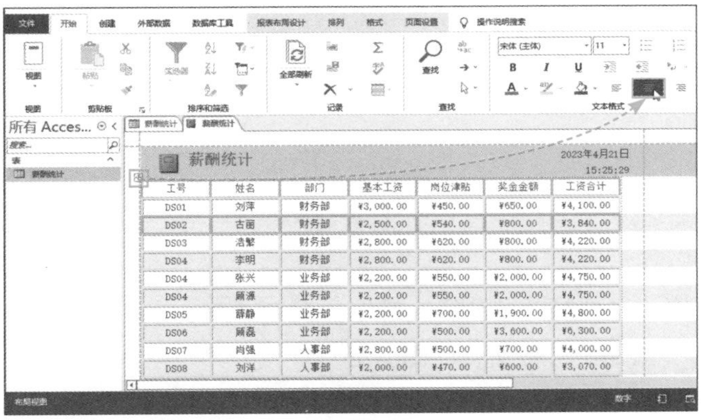

图 6-70

Step 05 选中报表底部的工资合计单元格，将光标移动到该单元格下方，光标变成双向箭头时，按住鼠标左键向下拖动，如图6-71所示。

Step 06 拖动到合适高度时松开鼠标左键，让工资合计值完整显示，如图6-72所示。

¥2,500.00	¥400.00	¥700.00	¥3,600.00
¥1,800.00	¥500.00	¥2,000.00	¥4,300.00
¥1,800.00	¥460.00	¥3,000.00	¥5,260.00
¥3,800.00	¥630.00	¥2,500.00	¥6,930.00
¥2,800.00	¥530.00	¥3,500.00	¥6,830.00
¥1,800.00	¥520.00	¥2,800.00	¥5,120.00
¥3,000.00	¥600.00	¥900.00	¥4,500.00

¥ 80,5?0.00

共 1 页, 第 1 页

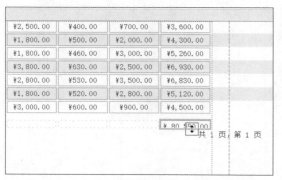

图 6-71

¥2,500.00	¥400.00	¥700.00	¥3,600.00
¥1,800.00	¥500.00	¥2,000.00	¥4,300.00
¥1,800.00	¥460.00	¥3,000.00	¥5,260.00
¥3,800.00	¥630.00	¥2,500.00	¥6,930.00
¥2,800.00	¥530.00	¥3,500.00	¥6,830.00
¥1,800.00	¥520.00	¥2,800.00	¥5,120.00
¥3,000.00	¥600.00	¥900.00	¥4,500.00

¥ 80,590.00

共 1 页, 第 1 页

图 6-72

Step 07 选中报表右下角的页码文本框，将光标移动到该文本框上方，光标变成 形状时按住鼠标左键向左侧拖动，如图6-73所示。

Step 08 拖动至灰色虚线（边距线）内部，松开鼠标左键即可，如图6-74所示。

¥2,500.00	¥400.00	¥700.00	¥3,600.00
¥1,800.00	¥500.00	¥2,000.00	¥4,300.00
¥1,800.00	¥460.00	¥3,000.00	¥5,260.00
¥3,800.00	¥630.00	¥2,500.00	¥6,930.00
¥2,800.00	¥530.00	¥3,500.00	¥6,830.00
¥1,800.00	¥520.00	¥2,800.00	¥5,120.00
¥3,000.00	¥600.00	¥900.00	¥4,500.00

¥ 80,590.00

页, 第 1 页

图 6-73

¥2,500.00	¥400.00	¥700.00	¥3,600.00
¥1,800.00	¥500.00	¥2,000.00	¥4,300.00
¥1,800.00	¥460.00	¥3,000.00	¥5,260.00
¥3,800.00	¥630.00	¥2,500.00	¥6,930.00
¥2,800.00	¥530.00	¥3,500.00	¥6,830.00
¥1,800.00	¥520.00	¥2,800.00	¥5,120.00
¥3,000.00	¥600.00	¥900.00	¥4,500.00

¥ 80,590.00

共 1 页, 第 1 页

图 6-74

Step 09 切换到"报表布局设计"选项卡，在"分组和汇总"组中单击"分组和排序"按钮，如图6-75所示。

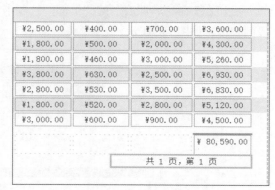

图 6-75

Step 10 随即在窗口底部打开"分组、排序和汇总"窗格，单击"添加组"按钮，如图6-76所示。

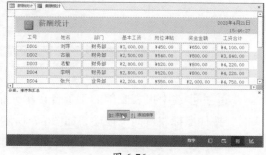

图 6-76

Step 11 在展开的列表中选择"部门"选项，如图6-77所示。

Step 12 单击"添加排序"按钮，如图6-78所示。

图 6-77

图 6-78

Step 13 在展开的列表中选择"工资合计"选项，如图6-79所示。

Step 14 设置好分组和排序后，单击窗口右下角的"打印预览"按钮，如图6-80所示。

图 6-79

图 6-80

Step 15 切换到"打印预览"模式，在该视图模式下可以预览薪酬统计报表的打印效果，如图6-81所示。

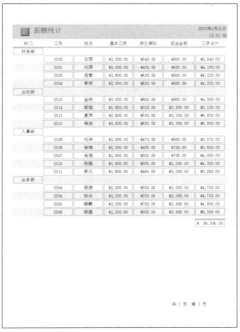

图 6-81

1. Q: 如何调整报表中行的高度？

   A: 若要调整行高，可以选中主体中除了标题之外的任意单元格，在"属性表"中的"全部"选项卡中输入"高度"值即可，如图6-82所示。

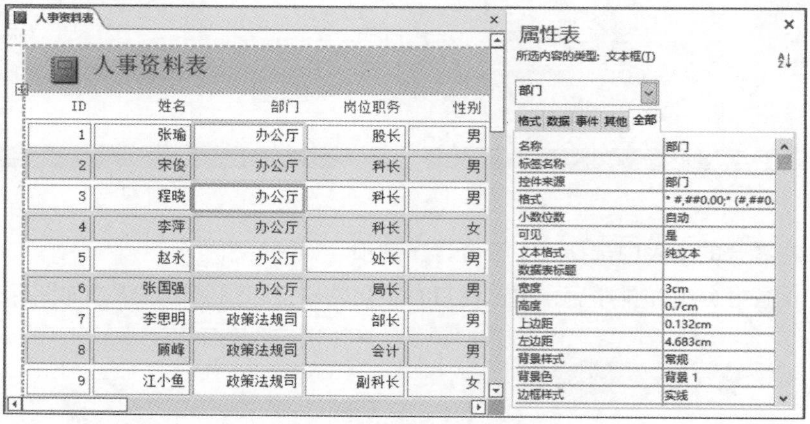

图 6-82

2. Q: 如何设置仅打印数据？

   A: 将报表切换到"打印预览"模式，在"页面大小"组中勾选"仅打印数据"复选框，即可隐藏报表的底纹和框线，仅打印数据，如图6-83所示。

图 6-83

3. Q: 如何一次预览多个页面的打印效果？

   A: 若报表包含多页，可将报表切换至"打印预览"模式，在"打印预览"选项卡中的"缩放"组内单击"双页"按钮，预览区中即可同时显示两个页面，若单击"其他页面"下拉按钮，通过下拉列表中提供的选项，还可设置"四页""八页"或"十二页"预览，如图6-84所示。

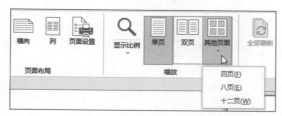

图 6-84

第7章
宏的自动化操作

　　在Access数据库中，宏可以自动完成很多常规任务，例如，执行一个宏可以使用户在单击某个命令时打印报表。宏可以是由一系列操作组成的单个宏，也可以是有多个宏和操作的宏组。在Access中使用宏，不需要编写代码，只需要在表格中选择相关的内容，填写需要进行的宏操作，并对宏进行相应的设置即可，这与传统意义上的程序设计有很大的区别。本章将对宏的基础知识、宏的创建及应用进行详细介绍。

7.1 宏的基本概念

宏是一种用来自动完成特定任务的操作或操作集，是使Access的众多对象成为一个整体，以一个应用程序的面貌展示给用户的代码类型的一种对象。宏中包含一个或多个操作，其中每个操作都能执行特定的功能，例如打开某个窗体或打印某个报表。

计算机的主要特点之一是很适合做大量重复性的工作，而宏就是一种执行这些自动任务的方法。Access的宏指令可以使数据库应用更有创造力。应用一些简单的宏指令可以将一些通用步骤及重复性的步骤自动化。例如，可设置某个宏在用户单击某个命令按钮时运行该宏，以打印某个报表。

另外需要说明的是，宏是一种特殊的代码，它没有控制转移功能，也不能直接操纵变量。它是一种操作的代码组合，以操作为单位，将一连串的操作有机地组合起来。在宏运行时，这些操作一个一个地依次执行。宏中的每个操作可以携带自己的参数，但每个操作执行后没有返回值。

7.1.1　宏的作用

在Access中定义了很多宏操作，这些操作可以完成以下功能。

- 打开、关闭窗体、报表，打印报表，执行查询。
- 筛选、查找记录（将一个筛选条件加到记录集中去）。
- 模拟键盘动作，为对话框或别的等待输入的任务提供字符输入。
- 显示信息框，响铃警告。
- 移动窗口，改变窗口大小。
- 实现数据的导入、导出。
- 定制菜单（在报表、窗体中使用）。
- 执行任意的应用程序模块，甚至包括MS-DOS程序。
- 为控件的属性赋值。

从以上列举的内容来看，宏操作几乎涉及了数据库管理的全部细节。一般情况下，用宏能够实现一个Access的数据库界面管理。之所以说Access是一种不编程的数据库，其原因便是它拥有一套功能完善的宏操作。

7.1.2　宏功能的增强

在Access的早期版本中，在不编写VBA代码的情况下，无法执行许多常用的功能。在Office Access中，添加了新的功能和宏操作，使用户不再需要编写代码。这样，用户便可以更容易地向数据库中添加功能，并有助于提高其安全性。

1. 嵌入的宏

用户可以在窗体、报表或控件提供的任意事件中嵌入宏。嵌入的宏在导航窗格中不可见，它会成为创建它的窗体、报表或控件的一部分。如果为包含嵌入式宏的窗体、报表或控件创建副本，则这些宏也会存在于副本中。

2. 安全性提高

当"显示所有操作"按钮在宏生成器中未突出显示时，唯一可供使用的宏操作和RunCommand参数是那些不需要信任状态即可运行的操作和参数。即使数据库处于禁用模式（当禁止VBA运行时），使用这些操作生成的宏也可以运行。如果数据库包含未出现在信任列表中的宏操作，或者具有VBA代码，则需要显式授予其信任状态。

3. 处理和调试错误

Access提供新的宏操作，其中包括OnError（类似于VBA中的"On Error"语句）和ClearMacroError，这些新的宏操作使用户可以在宏运行过程中出错时执行特定操作。此外，新的SingleStep宏操作允许用户在宏执行过程中的任意时刻进入单步执行模式，从而可以通过每次执行一个操作来了解宏的工作方式。

4. 临时变量

使用三个新的宏操作（SetTempVar、RemoveTempVar和RemoveAllTempVars）可以在宏中创建和使用临时变量，可以在条件表达式中使用这些变量来控制宏的运行，或者向/从报表或窗体传递/接收数据，或者用于需要使用一个临时存储位置来存储值的其他任何情况。还可以在VBA中访问这些临时变量，因此还可以使用它们来向/从VBA模块传递/接收数据。

▌7.1.3　宏的分类

宏作为Access数据库的对象之一，分为宏、宏组和条件操作宏，其中宏是操作序列的集合，而宏组是宏的集合，条件操作宏是带有条件的操作序列。宏可以是包含操作序列的一个宏，也可以是某个宏组，使用条件表达式可以决定在哪些情况下运行宏时某个操作是否进行。

前面说到宏是一种特殊的代码，从另一个角度来看，它是以动作为单位的，由一连串的动作组成，每个动作在运行宏时会被由前到后地依次执行。Access提供了几十种宏操作，根据宏操作的对象的不同用途，可以将它们分为5类。

1. 操作数据类

操作数据类宏是Access中用于操作窗体和报表数据的宏操作。此类宏操作又可以分为两种，一种是过滤操作，即筛选数据记录，如ApplyFilter；一种是记录定位操作，如FindNext、FindRecord、GoToPage等。

2. 执行命令类

执行命令类宏操作主要用来运行命令、宏、查询和其他应用程序。在执行动作方面，有运行命令RunCommand、退出Access命令Quit。在运行宏模块方面有OpenQuery、RunCode、RunMacro、RunSQL、RunApp、GoToControl、GoToRecord。在停止执行方面有CancelEvent、StopAllMacros、StopMacro等。

3. 导入 / 导出类

使用导入/导出类宏操作可以实现Access与其他应用程序之间的数据共享，不过此共享是静态的数据共享，因为它只是将Access数据库转换成其他应用程序所要求的文件格式，或者将其他应用程序数据文件格式转换为Access的文件格式。在导入之前和导出之后，Access与其他应用程序毫无关系。导入/导出方面有OutputTo、SendObject、TransferDatabase、TransferText等。

4. 数据库对象处理类

使用数据库对象处理类操作可以实现数据库对象操作的自动化。重命名对象为Rename，复制对象为CopyObject，保存对象为Save，删除对象为DeleteObject；在移动和调整窗口大小方面包括Maximize、Minimize、MoveSize等；在打开和关闭对象方面主要包括Close、OpenForm、OpenTable、OpenQuery、OpenModule、OpenReport；在选择对象方面为SelectObject；设置字段或控件属性方面主要包括SetValue、RepaintObject、Requery、ShowAllRecords。

5. 其他

其他操作主要用于维护Access的界面，包括菜单栏、工具栏、快捷菜单和快捷键的添加、修改和删除、错误信息的提示方式及响铃警告等。在创建自定义菜单栏方面有AddMenu，发出嘟嘟声有Beep，显示屏幕上的消息有Echo、SetWarnings，产生击键有SendKeys，显示自定义命令栏方面有ShowToolbar。

宏是可以包含操作序列的一个宏，也可以是某个宏组，还可以使用条件表达式来决定在什么情况下运行宏，以及在运行宏时某项操作是否进行。根据以上问题宏可以分为以下3种情况：

- **操作序列**。每次运行该宏时，Access都将执行这些操作。
- **宏组**。为了执行宏功能区中的宏，可以使用宏组名+句点（.）+宏名的格式调用宏。
- **条件操作**。如果指定的条件成立，Access将继续执行一个或多个操作，如果指定的条件不成立，Access将跳过该条件所指定的操作。

7.2 创建宏和运行

在Access中使用宏来设计程序与传统的程序设计有很大的不同，用户不需要编写程序代码，只需在表格中选择有关的内容，填写一份宏操作表格即可。

用户可以创建宏来执行一系列待定的操作，还可以创建宏组来执行一系列相关的操作。在Access中，宏可以包含在宏对象（亦称为独立的宏）中，也可以嵌入在窗体、报表或控件的事件属性中。

7.2.1 创建独立的宏

用户可以使用宏生成器创建和修改宏。下面介绍具体的操作方法。

Step 01 在"创建"选项卡的"宏与代码"组中单击"宏"按钮，如图7-1所示。

图 7-1

Step 02 数据库中随即自动打开"宏1"窗口,单击窗口中的下拉按钮,在下拉列表中选择需要的宏命令,此处选择"OpenTable"选项,如图7-2所示。

Step 03 窗口中随即显示所选宏的相关选项,设置好表名称、视图以及数据模式,如图7-3所示。

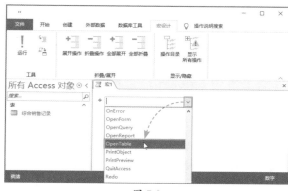

图 7-2

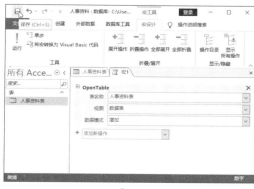

图 7-3

Step 04 按Ctrl+S组合键,弹出"另存为"对话框,输入宏名称,单击"确定"按钮保存宏,如图7-4所示。

Step 05 在导航窗格中双击宏名称,数据库会自动打开相应的表,如图7-5所示。

图 7-4

图 7-5

7.2.2 创建宏组

在一个复杂的数据库系统中,经常需要响应多种事件,甚至需要数百个宏。Access提供了一种方便的组织方法,即将宏分组。将几个相关的宏组成一个宏对象,可以创建一个宏组。下面介绍创建宏组的具体操作方法。

Step 01 在数据库中选择表,在"创建"选项卡中单击"宏"按钮,打开"宏1"窗口,在"宏设计"选项卡的"显示/隐藏"组中单击"操作目录"按钮,如图7-6所示。

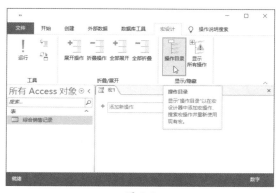

图 7-6

Step 02 打开"操作目录"窗格，选择"Submacro"选项，如图7-7所示。

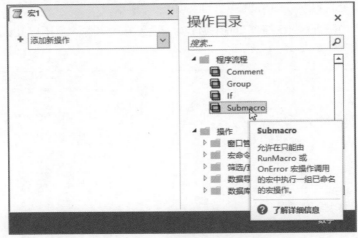

图 7-7

Step 03 在"宏1"窗口中单击"添加新操作"下拉按钮，在下拉列表中选择需要的命令，如图7-8所示。

Step 04 设置好相关参数。再单击"添加新操作"按钮即可成为宏组，如图7-9所示。

图 7-8

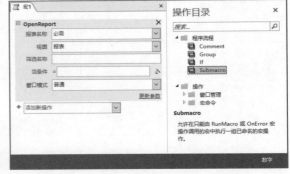

图 7-9

7.2.3　运行宏

在数据库中创建宏以后，若要让宏正常运行，可以打开"数据库工具"选项卡，在"宏"组中单击"运行宏"按钮，如图7-10所示。系统随即弹出"执行宏"对话框，若数据库中包含多个宏，可以单击"宏名称"右侧的下拉按钮，在下拉列表中选择要执行的宏，最后单击"确定"按钮即可运行宏，如图7-11所示。

图 7-10

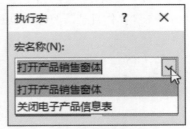

图 7-11

7.2.4 通过窗体按钮链接宏

在数据库中创建的宏可以链接到指定的控件，并通过控制运行宏。下面介绍如何将宏命令链接到窗体按钮，并通过按钮删除窗体中的当前记录。

Step 01 在"创建"选项卡中的"宏与代码"组内单击"宏"按钮，如图7-12所示。

图 7-12

Step 02 Access随即打开"宏1"窗口，打开"宏设计"选项卡，在"显示/隐藏"组中单击"操作目录"按钮，打开"操作目录"窗格，如图7-13所示。

Step 03 在"操作目录"窗格中的"数据输入操作"选项组中双击"DeleteRecord"选项可添加该命令，如图7-14所示。

图 7-13

图 7-14

Step 04 按Ctrl+S组合键，打开"另存为"对话框，设置"宏名称"为"删除当前记录"，单击"确定"按钮保存宏，如图7-15所示。

图 7-15

Step 05 打开"个人信息"窗体，切换到"开始"选项卡，单击"视图"下拉按钮，在下拉列表中选择"设计视图"选项，如图7-16所示。

Step 06 打开"表单设计"选项卡,在"控件"组中单击"按钮"按钮,如图7-17所示。

图 7-16

图 7-17

Step 07 将光标移动到窗体页眉右侧位置,按住鼠标左键同时拖动光标绘制按钮,如图7-18所示。

Step 08 松开鼠标左键后自动弹出"命令按钮向导"对话框,在"类别"列表中选择"杂项"选项,在"操作"列表中选择"运行宏"选项,单击"下一步"按钮,如图7-19所示。

图 7-18

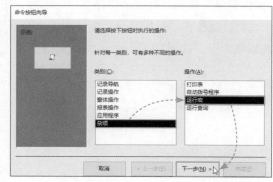

图 7-19

Step 09 在"请确定命令按钮运行的宏"列表框中选择"删除当前记录"宏选项,单击"下一步"按钮,如图7-20所示。

Step 10 选中"文本"单选按钮,在该按钮右侧的文本框输入"删除信息",设置在按钮中显示的文本内容,单击"下一步"按钮,如图7-21所示。

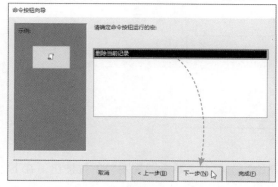

图 7-20

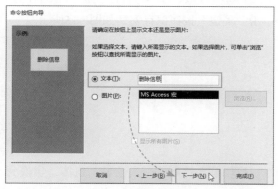

图 7-21

Step 11 单击"完成"按钮，完成按钮的制作，此时的按钮已经链接了删除当前信息的宏命令，如图7-22所示。

Step 12 右击"个人信息"窗体的名称标签，在弹出的快捷菜单中选择"窗体视图"选项，如图7-23所示。

图 7-22

图 7-23

Step 13 在窗体中单击"删除信息"按钮，如图7-24所示。

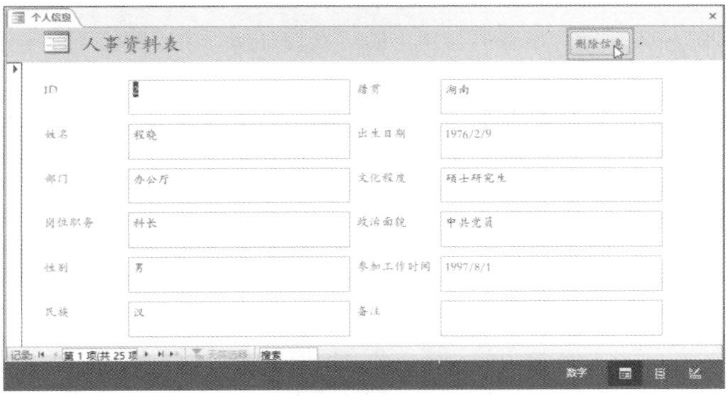

图 7-24

Step 14 系统随即弹出警告对话框，单击"是"按钮，如图7-25所示，即可删除窗体中所显示的信息。

图 7-25

Step 15 打开"人事资料表"，可以查看到相应的内容也已经被删除，效果如图7-26所示。

ID	姓名	部门	岗位职务	性别	民族	籍贯	出生日期	文化程度	政治面貌	参加工作时	备注
1	李萍	办公厅	科员	女	汉	武汉	1972/10/22	本科	中共党员	1995/7/1	1995.07于湖南大学计算机系（系统工程）
4	赵永	办公厅	处长	男	汉	广州	1973/3/14	大专	中共党员	1992/9/1	2004.07武汉大学,经济贸易
5	张国强	办公厅	局长	男	汉	南宁	1979/4/9	大专		1994/7/1	1994.07于厦门大学(音乐教育)
6	李思明	政策法规司	部长	男	汉	武汉	1970/9/7	中专		1988/12/1	省农行干校金融专业91.12
7	顾涵	政策法规司	会计	男	汉	武汉	1957/3/20	大专		1982/12/1	
8	江小鱼	政策法规司	副科长	女	汉	武汉	1975/12/19	博士研究生		1997/11/1	2003.12武大,法律
9	刘丽郡	政策法规司	副主任	女	汉	湖南	1974/11/26	大专		1996/9/1	2007武大,金融
10	郭玉梅	政策法规司	科员	女	汉	佛山	1979/5/8	本科		1998/8/1	2004.07于湖南大学成人教育学院(金融)
11	陈中	货物和劳务税司	部长	男	汉	广州	1976/1/9	本科		2004.07于广州大学网络学院(金融学)	
12	秦宇	货物和劳务税司	科员	男	汉	福建	1977/12/16	本科	中共党员	1992/7/1	
13	吴昊	货物和劳务税司	科员	男	汉	南宁	1974/4/7	大专		1997/11/1	
14	顾年秋	所得税司	科员	女	汉	福建	1949/11/25	大专	中共党员	1969/3/1	
15	马素雅	所得税司	科员	女	汉	南宁	1971/7/8	大专		1991/11/1	1988.07于武汉农行干部管理学校(经济信息)
16	刘亮	所得税司	科员	男	汉	佛山	1970/1/3	本科		1998/10/1	1998.07于中央党校厦门函授学院(经济管理)
17	孙步伟	所得税司	科长	男	汉	南宁	1979/4/16	本科	中共党员	1996/6/1	2004.09广州师范大学,行政管理
18	赵琳	财产和行为税司	部长	女	汉	南京	1974/9/26	本科		1996/9/1	2003.12于中央党校南京函授学院

图 7-26

7.2.5 设置宏条件

在有些情况下，用户可能希望仅当特定条件为真时才在宏中执行一个或多个操作。例如，如果在某个窗体中使用宏来校验数据，可能要显示相应的信息来响应记录的某些输入值，其他信息响应另一些不同的输入值，这种情况下可以使用条件来控制宏的流程。

条件指定在执行操作之前必须满足的某些标准，用户可以使用计算结果等于True/False或"是/否"的任何表达式。如果条件求值结果为True（或"是"），则宏操作将执行。

常用表达式及其含义如表7-1所示。

表 7-1

使用此表达式	在满足下面的条件时执行该操作
[城市]="巴黎"	"巴黎"是运行该宏的窗体上的字段中的"城市"值
DCount("[订单ID]", "订单")>35	"订单"表的"订单ID"字段中存在 35 个以上的条目
DCount("*", "订单明细", "[订单ID]=Forms![订单]![订单ID]")>3	"订单明细"表中存在 3 个以上满足以下条件的条目：表中的"订单ID"字段与"订单"窗体上的"订单ID"字段匹配
[发货日期] Between #2022-02-02# And #2022-03-02#	运行该宏的窗体上的"发货日期"字段的值不早于 2022-02-02，不晚于 2022-03-02
Forms![产品]![库存量]<5	"产品"窗体上的"库存量"字段的值小于 5
IsNull([名字])	运行该宏的窗体上的"名字"的值为 Null（没有值）（Null：可以在字段中输入或用于表达式和查询，以标明丢失或未知的数据。在 Visual Basic 中，Null 关键字表示 Null 值。有些字段（如主键字段）不可以包含 Null 值。）。此表达式等效于"[名字] Is Null"
[国家/地区]="英国"And Forms![总销售额]![总订单数]>100	运行该宏的窗体上的"国家/地区"字段中的值为"英国"，并且"总销售额"窗体上的"总订单数"字段的值大于100
[国家/地区] In ("法国", "意大利", "西班牙") And Len([邮政编码])<>5	运行该宏的窗体上的"国家/地区"字段中的值为"法国""意大利"或"西班牙"，并且邮政编码非 5 字符长
MsgBox("确认更改?",1)=1	在 MsgBox 函数显示"确认更改?"的对话框中单击"确定"按钮。如果在该对话框中单击"取消"按钮，Access 将忽略该操作
[TempVars]![MyVar]=43	临时变量 MyVar（使用 SetTempVar 宏操作创建）的值等于 43
[MacroError]<>0	MacroError 对象的 Number 属性值不等于 0，这意味着宏中发生了错误。此条件可与 ClearMacroError 和 OnError 宏操作结合使用，以控制在出现错误时执行的操作
[TempVars]![MsgBoxResult]=2	用于存储消息框结果的临时变量与2进行比较(vbCancel=2)

下面介绍如何通过设置宏条件，在窗体中输入指定数值，打开指定数据库对象。具体操作方法如下。

Step 01 切换到"创建"选项卡，在"宏与代码"组中单击"宏"按钮，如图7-27所示。

图 7-27

Step 02 数据库中随即打开"宏1"窗口，单击"添加新操作"下拉按钮，在下拉列表中选择"if"命令，如图7-28所示。

Step 03 "宏1"窗口中随即添加if命令，在"if"右侧的文本框中输入代码"[Forms]![文本框]![Text1]="1""，如图7-29所示。这段代码表示在"文本框"窗体中的文本框中输入"1"时打开"客户信息"报表。

图 7-28

图 7-29

Step 04 单击if下方的"添加新操作"下拉按钮，在下拉列表中选择"OpenReport"选项，如图7-30所示。

Step 05 窗口中随即显示"OpenReport"选项组，设置报表名称为"客户信息"，其他选项保持默认，如图7-31所示。

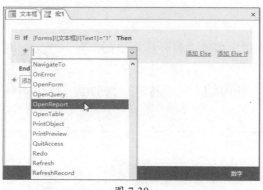

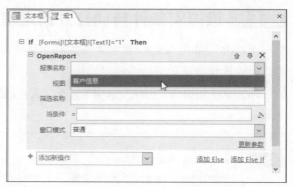

图 7-30　　　　　　　　　　　　　　　　　　　　图 7-31

Step 06 按Ctrl+S组合键，弹出"另存为"对话框，输入宏名称为"打开报表"，单击"确定"按钮保存宏，如图7-32所示。

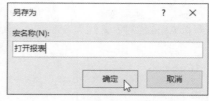

图 7-32

Step 07 此时导航窗格中自动显示"宏"组，并显示新创建的宏名称。打开"文本框"窗体，并在文本框中输入"1"，随后切换至"数据库工具"选项卡，在"宏"组中单击"运行宏"按钮，如图7-33所示。

Step 08 弹出"执行宏"对话框，单击"确定"按钮，如图7-34所示。

图 7-33　　　　　　　　　　　　　　　　　　　　图 7-34

Step 09 数据库随即自动打开"客户信息"报表，如图7-35所示。

图 7-35

动手练 创建嵌入的宏

嵌入宏与独立宏不同，因为存储在窗体、报表或控件的事件属性中，并不作为对象显示在导航窗格中的"宏"下面。这可使数据库更易于管理，因为不必跟踪包含窗体或报表的宏的各个宏对象。而且，在每次复制、导入或导出窗体或报表时，嵌入宏仍随附于窗体或报表。下面介绍创建嵌入的宏的具体操作方法。

Step 01 在导航窗格中右击窗体名称，在弹出的快捷菜单中选择"布局视图"选项，在"布局视图"中打开所选窗体，如图7-36所示。

Step 02 切换至"窗体布局设计"选项卡，在"工具"组中单击"属性表"按钮，打开"属性表"窗格，如图7-37所示。

图 7-36

图 7-37

Step 03 在"属性表"窗格中打开"事件"选项卡，将光标定位于"双击"文本框中，随后单击其右侧的 ⋯ 按钮，如图7-38所示。

Step 04 弹出"选择生成器"对话框，选择"宏生成器"选项，单击"确定"按钮，如图7-39所示。

图 7-38

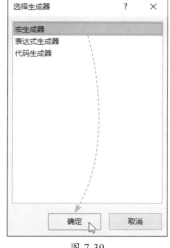

图 7-39

Step 05 窗口中随即打开嵌入的宏的宏窗口，单击"添加新操作"下拉按钮，在下拉列表中选择"MessageBox"选项，如图7-40所示。

Step 06 在"MessageBox"宏组中设置相关参数，如图7-41所示。

图 7-40

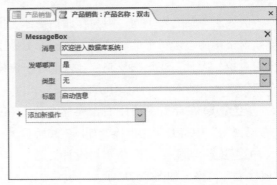
图 7-41

Step 07 单击"宏设计"选项卡中的"关闭"按钮，系统随即弹出警告对话框，单击"是"按钮，保存并关闭嵌入的宏，如图7-42所示。

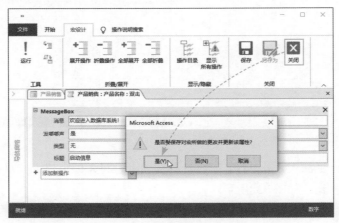
图 7-42

7.3 使用宏执行常见操作

在Access中有着多种多样的宏操作，能完成许多常规的工作，为了便于读者学习和使用宏，下面按照功能分类，为用户简单介绍各种操作的名称以及功能。

7.3.1 常用的宏操作及功能

Access内置的宏根据操作类别不同被划分为不同的类型。常用的宏操作及类别如表7-2所示。

表7-2

宏操作	功能
PrintObject	打印当前对象
Beep	使计算机发出蜂鸣声
SaveObject	保存指定的数据库对象

宏操作	功能
SaveRecord	保存当前记录
SelectObject	选择指定的数据库对象
SetProperty	设置控件的属性
SetWarnings	关闭或打开所有的系统消息
CloseDatabase	关闭当前数据库
DeleteObject	删除指定的数据库对象
DeleteRecord	删除当前记录
DisplayHourglassPointer	运行宏时将光标变为沙漏形状，以表示当前状态
Echo	隐藏或显示宏运行过程中的结果
GoToRecord	定位到指定的记录
MessageBox	显示由用户指定标题和内容的消息框
RenameObject	重命名指定的数据库对象

7.3.2 打开和关闭数据库对象的宏代码

打开和关闭Access对象的操作及功能如表7-3所示。

表7-3

宏操作	功能
OpenDataAccessPage	可以使用该操作在"页面视图"或"设计视图"中打开数据访问页
OpenDiagram	在Access项目中，可以使用该操作在"设计视图"中打开数据库图表
OpenForm	可以使用该操作在"窗体视图""设计视图""打印预览"或"数据表视图"中打开窗体
OpenFunction	在Access项目中，可以使用该操作在"数据表视图""内嵌函数设计视图""SQL文本编辑器视图"或"打印预览"中打开用户定义的函数
OpenModule	可以使用该操作在指定过程打开指定的VBA模块
OpenQuery	可以使用该操作在"数据表视图""设计视图"或"打印预览"中打开选择查询或交叉表查询
OpenReport	可以使用该操作在"设计视图"或"打印预览"中打开报表，或将报表直接发送到打印机
OpenStoredProcedure	在Access项目中，可以使用该操作在"数据表视图""设计视图"或"打印预览"中打开存储过程
OpenTable	可以使用该操作在"数据表视图""设计视图"或"打印预览"中打开表
OpenView	在Access项目中，可以使用该操作在"数据表视图""设计视图"或"打印预览"中打开视图
Close	使用Close操作可以关闭指定的窗口或数据库对象

7.3.3　常用的查询语句

常用查询语句的宏操作及其功能说明如表7-4所示。

表 7-4

宏操作	功能
Requery	可以使用该操作对活动对象上的指定控件的源进行重新查询，以此实现对该控件中数据的更新
ApplyFilter	使用该操作，可以将筛选、查询或SQL WHERE子句应用到表、窗体或报表，以便对表或基础表中的记录窗体或报表的查询进行限制或排序
GoToRecord	使用该操作，可以使打开的表、窗体或查询结果集成为当前记录
FindRecord	使用该操作，可以查找符合FindRecord参数所指定的条件的第一个数据实例
FindNext	使用该操作，可以查找符合前一个FindRecord操作所指定条件，或者"查找和替换"对话框中的值的下一条记录
SetValue	可以使用该操作设置Microsoft Office Access字段、控件或属性的值（在窗体、窗体数据表或报表上）
SendKeys	使用该操作，可以将按键消息直接发送到Microsoft Office Access或基于Windows的活动应用程序

7.3.4　窗口的控制以及加载宏

有关控制显示和焦点的宏操作及其功能说明如表7-5所示。

表 7-5

宏操作	功能
GoToControl	可以使用该操作，在打开的窗体、窗体数据表、表数据表或查询数据表的当前记录中，将焦点移至指定的字段或控件
GoToPage	使用该操作，可以将活动窗体中的焦点移至指定页中的第一个控件
Hourglass	在宏运行时，可以使用该操作将光标变为沙漏形状的图像（或用户选中的其他图标）。此操作可直观地表示宏正在运行。当宏操作或宏本身运行时间较长时，这一操作非常有用
Maximize	如果将Microsoft Office Access配置为使用重叠窗口而非选项卡式文档，则可使用该操作放大活动窗口，使其充满Access窗口
Minimize	如果将Microsoft Office Access配置为使用重叠窗口而非选项卡式文档，则可使用该操作将活动窗口缩小为Access窗口底部的一个小标题栏
MoveSize	如果已将文档窗口选项设置为使用重叠窗口而非选项卡式文档，则可以使用该操作移动活动窗口或调整其大小
ShowToolbar	可以使用该操作显示或隐藏"加载项"选项卡上的命令组
ShowAllRecords	使用该操作，可以从活动表、查询结果集或窗体中删除任何应用的筛选，以及显示表或结果集中的所有记录，窗体的基础表或查询中的所有记录
SendObject	使用该操作，可以将指定的Microsoft Office Access数据表、窗体、报表、模块或数据访问页包含在电子邮件中，以便在其中进行查看和转发
Requery	使用该操作，可以对活动对象上的指定控件的源进行重新查询，以此实现对该控件中数据的更新

宏操作	功能
RepaintObject	使用该操作，可以完成指定的数据库对象（若未指定数据库对象，则是活动数据库对象）的任何未完成的屏幕更新
Restore	使用该操作，可以将最大化或最小化的窗口还原为先前的大小
Echo	使用该操作，可以指定是否打开回响（回响：运行宏时 Access 更新或重画屏幕的过程）
OpenQuery	使用该操作，可以在"数据表视图""设计视图"或"打印预览"中打开选择查询或交叉表查询
OpenReport	使用该操作，可以在"设计视图"或"打印预览"中打开报表，或将报表直接发送到打印机
Close	使用Close操作，可以关闭指定的窗口或数据库对象

动手练 关闭数据库中的表

下面介绍如何使用宏关闭数据库中打开的表，具体操作步骤如下。

Step 01 单击"创建"选项卡的"宏与代码"组中的"宏"按钮，如图7-43所示。

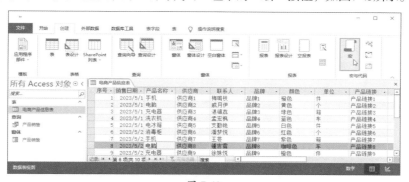

图 7-43

Step 02 数据库中随即打开"宏1"窗口，在该窗口中单击"添加新操作"下拉按钮，在下拉列表中选择"CloseWindow"命令，如图7-44所示。

Step 03 窗口中随即显示出该命令的所有操作选项，设置对象类型为"表"，对象名称为"电商产品信息表"，保存类型为"提示"，如图7-45所示。

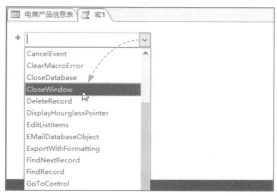

图 7-44

图 7-45

Step 04 设置完成后按Ctrl+S组合键，弹出"另存为"对话框，输入宏名称，单击"确定"按钮，保存宏，如图7-46所示。

Step 05 切换到"宏设计"选项卡，单击"运行"按钮，即可运行宏，窗口中已经打开的"电商产品信息表"随即被关闭，如图7-47所示。

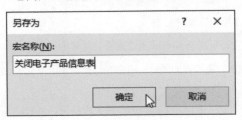

图 7-46

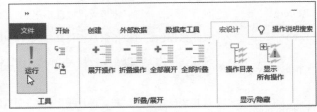

图 7-47

动手练 使用宏自动打印表

使用PrintOut命令可以打印数据库中的指定对象，下面介绍具体操作方法。

Step 01 打开数据库，切换到"创建"选项卡，在"宏与代码"组中单击"宏"按钮，如图7-48所示。

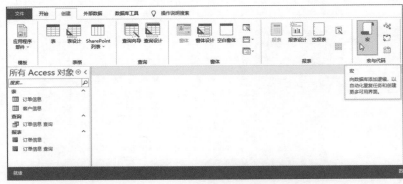

图 7-48

Step 02 数据库中自动打开"宏1"窗口，在"宏设计"选项卡中的"显示/隐藏"组内单击"显示所有操作"按钮，如图7-49所示，该操作可以在"添加新操作"下拉列表中显示所有宏命令或尚未受信任的数据库中允许的命令。

Step 03 单击"添加新操作"下拉按钮，在下拉列表中选择"PrintOut"选项，如图7-50所示。

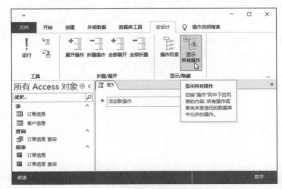

图 7-49

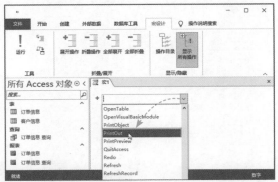

图 7-50

Step 04 设置打印范围为"全部",打印质量为"高品质",份数为"2",如图7-51所示。

Step 05 按Ctrl+S组合键,执行保存命令,弹出"另存为"对话框,设置宏名称为"打印表",单击"确定"按钮,如图7-52所示。

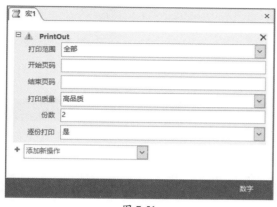

图 7-51

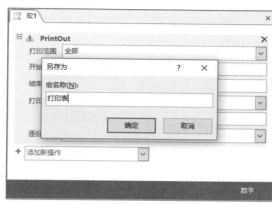

图 7-52

Step 06 在"宏设计"选项卡中的"工具"组内单击"运行"按钮,弹出"打印宏定义"对话框。保持默认选项,单击"确定"按钮即可执行打印,如图7-53所示。

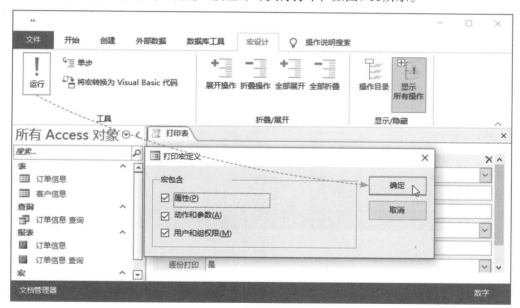

图 7-53

动手练 打开指定查询

RunSQL宏操作可以运行Access动作查询,方法是使用相应的SQL语句,也可以运行数据定义查询。下面使用OpenQuery打开数据库中指定的查询,具体操作如下。

Step 01 打开数据库,切换到"创建"选项卡,在"宏与代码"组中单击"宏"按钮,打开"宏1"窗口,单击"添加新操作"下拉按钮,在下拉列表中选择"OpenQuery"命令,如图7-54所示。

Step 02 选择要打开的查询名称,并设置视图和数据模式,如图7-55所示。

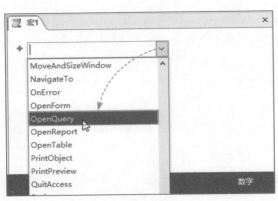

图 7-54

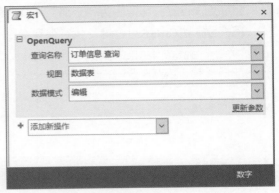

图 7-55

Step 03 保存查询并关闭宏窗口，切换到"数据库工具"选项卡，在"宏"组中单击"运行宏"按钮，弹出"执行宏"对话框，选择要执行的宏，单击"确定"按钮，数据库中随即打开指定查询，如图7-56所示。

图 7-56

动手练 删除指定字段

下面使用RunSQL命令删除"人事资料表"中的"政治面貌"字段，具体操作方法如下。

Step 01 打开数据库，切换到"创建"选项卡，在"宏与代码"组中单击"宏"按钮，如图7-57所示。

图 7-57

Step 02 数据库中随即打开"宏1"窗口，在"宏设计"选项卡的"显示/隐藏"组内单击"显示所有操作"按钮，如图7-58所示。

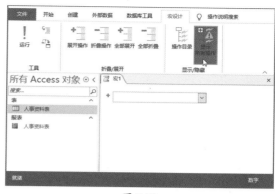

图 7-58

Step 03 在"宏1"窗口中单击"添加新操作"下拉按钮，在下拉列表中选择"RunSQL"命令，如图7-59所示。

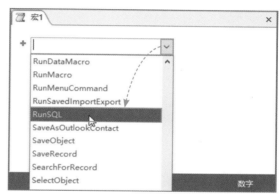

图 7-59

Step 04 在SQL语句文本框中输入代码"ALTER TABLE[人事资料表]DROP COLUMN [政治面貌]"，在"宏设计"选项卡的"工具"组内单击"运行"按钮，如图7-60所示。

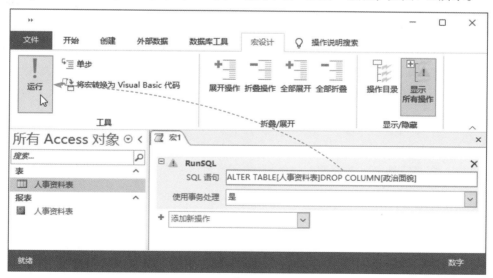

图 7-60

Step 05 弹出警告对话框，单击"是"按钮，如图7-61所示。

Step 06 在随后弹出的"另存为"对话框中设置宏名称，并单击"确定"按钮，如图7-62所示。

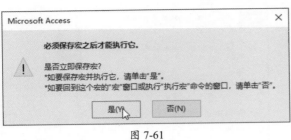

Microsoft Access			×

必须保存宏之后才能执行它。

是否立即保存宏?
*如要保存宏并执行它,请单击"是"。
*如要回到这个宏的"宏"窗口或执行"执行宏"命令的窗口,请单击"否"。

是(Y) 否(N)

图 7-61

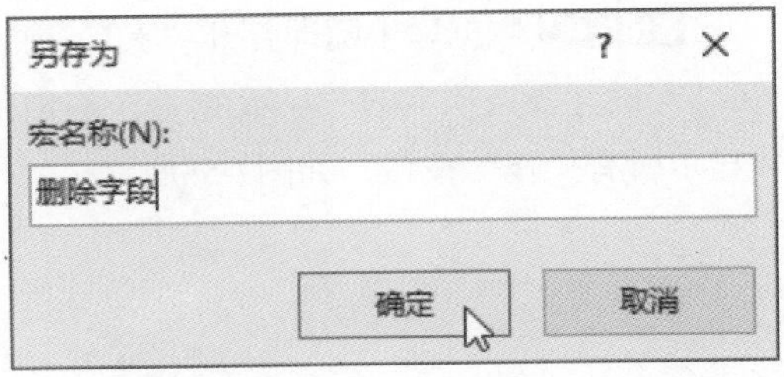

另存为	? ×

宏名称(N):

删除字段

确定 取消

图 7-62

Step 07 "人事资料表"中的"政治面貌"字段随即被删除,效果如图7-63所示。

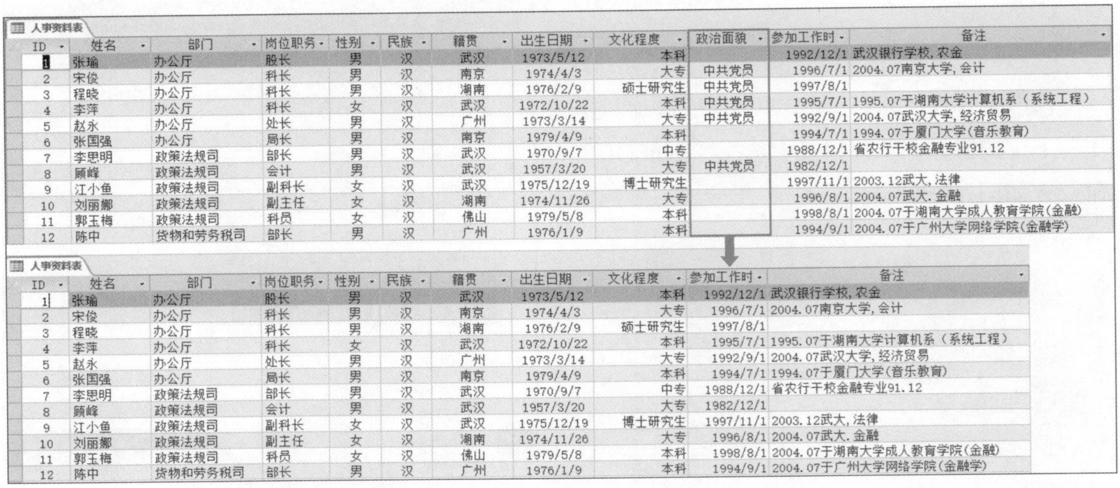

人事资料表

ID	姓名	部门	岗位职务	性别	民族	籍贯	出生日期	文化程度	政治面貌	参加工作时	备注
1	张瑜	办公厅	股长	男	汉	武汉	1973/5/12	本科		1992/12/1	武汉银行学校,农金
2	宋俊	办公厅	科长	男	汉	南京	1974/4/3	大专	中共党员	1996/7/1	2004.07南京大学,会计
3	程晓	办公厅	科长	男	汉	湖南	1976/2/9	硕士研究生	中共党员	1997/8/1	
4	李萍	办公厅	科长	女	汉	武汉	1972/10/22	本科	中共党员	1995/7/1	1995.07于湖南大学计算机系(系统工程)
5	赵永	办公厅	处长	男	汉	广州	1973/3/14	大专	中共党员	1992/9/1	2004.07武汉大学,经济贸易
6	张国强	办公厅	局长	男	汉	南京	1979/4/9	本科		1994/7/1	1994.07于厦门大学(音乐教育)
7	李思明	政策法规司	部长	男	汉	武汉	1970/9/7	中专		1988/12/1	省农行干校金融专业91.12
8	顾峰	政策法规司	会计	男	汉	武汉	1957/3/20	大专	中共党员	1982/12/1	
9	江小鱼	政策法规司	副科长	女	汉	武汉	1975/12/19	博士研究生		1997/11/1	2003.12武大,法律
10	刘丽娜	政策法规司	副主任	女	汉	湖南	1974/11/26	大专		1996/8/1	2004.07武大.金融
11	郭玉梅	政策法规司	科员	女	汉	佛山	1979/5/8	本科		1998/8/1	2004.07于湖南大学成人教育学院(金融)
12	陈中	货物和劳务税司	部长	男	汉	广州	1976/1/9	本科		1994/9/1	2004.07于广州大学网络学院(金融学)

人事资料表

ID	姓名	部门	岗位职务	性别	民族	籍贯	出生日期	文化程度	参加工作时	备注
1	张瑜	办公厅	股长	男	汉	武汉	1973/5/12	本科	1992/12/1	武汉银行学校,农金
2	宋俊	办公厅	科长	男	汉	南京	1974/4/3	大专	1996/7/1	2004.07南京大学,会计
3	程晓	办公厅	科长	男	汉	湖南	1976/2/9	硕士研究生	1997/8/1	
4	李萍	办公厅	科长	女	汉	武汉	1972/10/22	本科	1995/7/1	1995.07于湖南大学计算机系(系统工程)
5	赵永	办公厅	处长	男	汉	广州	1973/3/14	大专	1992/9/1	2004.07武汉大学,经济贸易
6	张国强	办公厅	局长	男	汉	南京	1979/4/9	本科	1994/7/1	1994.07于厦门大学(音乐教育)
7	李思明	政策法规司	部长	男	汉	武汉	1970/9/7	中专	1988/12/1	省农行干校金融专业91.12
8	顾峰	政策法规司	会计	男	汉	武汉	1957/3/20	大专	1982/12/1	
9	江小鱼	政策法规司	副科长	女	汉	武汉	1975/12/19	博士研究生	1997/11/1	2003.12武大,法律
10	刘丽娜	政策法规司	副主任	女	汉	湖南	1974/11/26	大专	1996/8/1	2004.07武大.金融
11	郭玉梅	政策法规司	科员	女	汉	佛山	1979/5/8	本科	1998/8/1	2004.07于湖南大学成人教育学院(金融)
12	陈中	货物和劳务税司	部长	男	汉	广州	1976/1/9	本科	1994/9/1	2004.07于广州大学网络学院(金融学)

图 7-63

案例实战——在Access数据库中运行Excel程序

运行另一个应用程序使用的宏操作类型为RunApp,这样用户可以启动一个基于Microsoft Windows或MS-DOS的应用程序在Access中运行。下面介绍如何利用Access宏启动Excel程序。

Step 01 打开Access数据库,切换到"创建"选项卡,在"宏与代码"组中单击"宏"按钮,如图7-64所示。

图 7-64

Step 02 在Access中打开"宏1"窗口，切换到"宏设计"选项卡，在"显示/隐藏"组中单击"显示所有操作"按钮，如图7-65所示。

Step 03 单击"添加新操作"下拉按钮，在下拉列表中选择"RunApplication"命令，如图7-66所示。

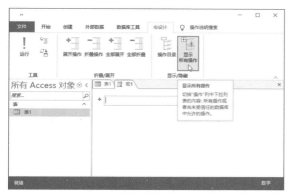
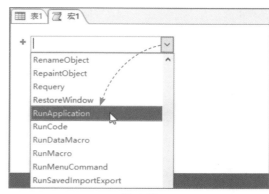

图 7-65　　　　　　　　　　　　　　　　　　　　图 7-66

Step 04 下面需要获取要启动的程序路径。此处在桌面右击Excel软件图标，在弹出的快捷菜单中选择"属性"选项，如图7-67所示。

Step 05 弹出"Excel属性"对话框，在"目标"文本框中复制文件路径，如图7-68所示。

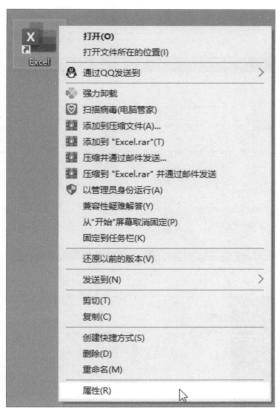

图 7-67　　　　　　　　　　　　　　　　　　　　图 7-68

Step 06 将复制的文件路径粘贴到Access"宏1"窗口中的"命令行"文本框中，如图7-69所示。

图 7-69

Step 07 右击"宏1"名称标签，在弹出的快捷菜单中选择"保存"选项，如图7-70所示。

Step 08 弹出"另存为"对话框，输入宏名称，单击"确定"按钮，如图7-71所示。

图 7-70

图 7-71

Step 09 在"宏设计"选项卡中的"工具"组内单击"运行"按钮，如图7-72所示。

图 7-72

Step 10 Excel程序随即通过Access宏命令被启动，效果如图7-73所示。

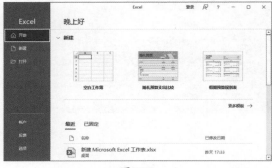

图 7-73

新手答疑

1. Q: 如何复制宏?

> **A:** 通过复制现有的宏操作，可以快速创建
> 相似的多个宏操作，从而节省设置相同
> 参数的时间。在"设计视图"中打开要
> 编辑的宏，右击宏操作，在弹出的快捷
> 菜单中选择"复制"选项，如图7-74所
> 示。随后右击宏中的某个宏操作，在弹
> 出的快捷菜单中选择"粘贴"命令，即

图 7-74

> 可将复制的宏操作粘贴到其下方，最后对粘贴过来的宏操作进行修改即可。

2. Q: 如何调整多个宏操作的执行顺序?

> **A:** 当一个宏中包含多个宏操作时，若要调整各宏操作的执行顺序，可以在宏窗口中将光标
> 移动到要调整位置的宏操作范围内，当光标变为 🖑 形状时，按住鼠标左键向目标位置拖
> 动，如图7-75所示。当目标位置出现一条红色粗实线时松开鼠标左键，即可完成移动，
> 如图7-76所示。

图 7-75

图 7-76

3. Q: 如何删除宏?

> **A:** 删除宏操作的方法不止一种。用户可在宏窗口中单击宏操作右侧的"删除"按钮删除当
> 前宏操作，如图7-77所示。或关闭宏窗口，在导航窗格中右击宏名称，在弹出的快捷菜
> 单中选择"删除"选项，删除当前宏对象中的所有宏操作，如图7-78所示。

图 7-77

图 7-78

第8章
数据库文件的管理

数据库的安全性和可靠性是衡量一个数据库系统的重要标准。如果一个数据库系统数据的安全得不到可靠保证，便谈不上实用价值。因此，在完成了数据库的创建后，用户必须要注意如何对数据库文件进行管理和安全保护。Access提供了对数据库进行管理和完全保护的有效方法。

8.1 数据库的备份及转换

用户在使用数据库文件的过程中，需要保证数据库系统的数据不因意外情况而轻易遭到破坏，保障数据库安全最有效的方法就是对数据库进行备份。

8.1.1 备份与恢复数据库

在使用动作查询（动作查询：用来复制或更改数据的查询。动作查询包括追加查询、删除查询、生成表查询和更新查询。在数据库窗口中，是以其名称后紧跟感叹号（！）来标识的）删除记录或更改数据时，将无法使用"撤销"命令撤销这些更改。例如，如果运行更新查询，将无法使用"撤销"命令还原被该查询更新的所有旧值。

因此，用户最好在运行任何动作查询之前立即进行备份，尤其是在查询将更改或删除大量数据时。

若要确定执行备份的频率，首先应考虑数据库的更改频率。

● 如果数据库是存档数据库，或者只用于参考而很少更改，则应在每次数据发生更改时执行备份。

● 如果数据库是活动数据库，且数据会经常变动，则应定期备份数据库。

● 如果数据库不包含数据，而是使用链接表（链接表：存储在已打开数据库之外的文件中的表，Access可以访问它的记录，可以对链接表中的记录进行添加、删除和编辑等操作，但不能更改其结构），则应在每次更改数据库设计时备份数据库。

动手练 备份数据库文件

下面介绍备份数据库文件的具体操作方法。

Step 01 执行"文件"｜"另存为"菜单命令，切换到"另存为"界面。选择"数据库另存为"选项，在"数据库另存为"列表中的"高级"组中双击"备份数据库"选项，如图8-1所示。

Step 02 弹出"另存为"对话框，选择文件的保存类型，单击"保存"按钮，即可完成数据库的备份，如图8-2所示。

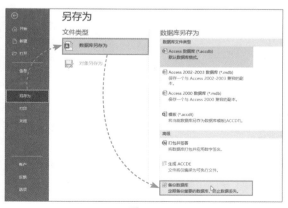

图 8-1

图 8-2

8.1.2　将数据库转换为ACCDE格式

为了保护Access数据库系统中所创建的各类对象的隐藏VBA代码，并保护所创建的VBA代码，防止删除数据库中的对象，可以把设计好并经过测试的数据库转换成ACCDE格式。

执行"文件"|"另存为"菜单命令，切换到"另存为"界面，选择"数据库另存为"选项，在"数据库另存为"列表中的"高级"组中双击"生成ACCDE"选项，如图8-3所示。弹出"另存为"对话框，选择文件保存路径，单击"保存"按钮即可完成转换。

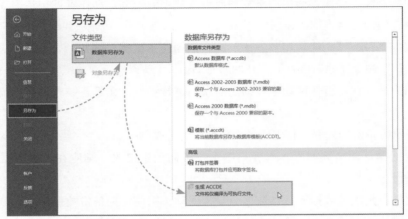

图 8-3

动手练 使用副本恢复数据库所有数据

若Access数据库被不慎删除，可以使用副本快速恢复所有数据。操作方法非常简单，具体步骤如下。

Step 01 在计算机中找到数据库副本文件并将其选中，随后右击该副本文件，在弹出的快捷菜单中选择"复制"选项，如图8-4所示。

Step 02 进入要将数据库恢复的目标文件夹，在空白处右击，在弹出的快捷菜单中选择"粘贴"选项，即可将复制的数据库副本粘贴到当前文件夹中，如图8-5所示。随后修改数据库文件的名称即可。

图 8-4

图 8-5

Access数据库基础与应用标准教程（实战微课版）

8.2　压缩和修复数据库

　　数据库文件在使用过程中可能会迅速增大，它们有时会影响性能，有时也可能被损坏。在Access中，用户可以使用"压缩和修复数据库"功能来防止或修复这些问题。

8.2.1　压缩和修复数据库的原因

　　数据库文件在使用过程中，随着不断添加、更新数据以及更改数据库设计等变得越来越大。导致增大的因素不仅包括新数据，还包括以下一些因素。

- Access会创建临时的隐藏对象来完成各种任务。有时，Access不再需要这些临时对象后仍将它们保留在数据库中。
- 删除数据库对象时，系统不会自动回收该对象所占用的磁盘空间。也就是说，尽管该对象已被删除，数据库文件仍然使用该磁盘空间。
- 随着数据库文件不断被遗留的临时对象和已删除对象填充，其性能也会逐渐降低。其现象包括：对象可能打开得更慢，查询可能比正常情况下花费的时间更长，各种典型操作也需要花费更长时间，等等。
- 在某些特定的情况下，数据库文件可能已损坏。如果数据库文件通过网络共享，且多个用户同时直接处理该文件，则该文件发生损坏的风险较小。如果这些用户频繁编辑"备注"字段中的数据，将在一定程度上增大损坏的风险，并且该风险还会随着时间的推移而增加。此时可以使用"压缩和修复数据库"功能来降低此风险。

　　通常情况下，这种损坏是由于VBA模块（存储在一起作为一个命名单元的声明、语句和过程的集合，有标准模块和类模块两种）问题导致的，并不存在丢失数据的风险。但是这种损坏会导致数据库设计受损，例如丢失VBA代码或无法使用窗体。

　　有时数据库文件损坏也会导致数据丢失，但这种情况并不常见。在这种情况下，丢失的数据一般仅限于某位用户的最后一次操作，即对数据的单次更改。当用户更改数据而更改被中断时（例如，由于网络服务中断），Access会将该数据库文件标记为"已损坏"。此时可以修复该文件，但有些数据可能会在修复完成后丢失。

动手练　手动压缩和修复Access文件

　　压缩Access文件将重新组织文件在硬盘上的存储，消除Access文件支离破碎的状态，释放那些由于删除记录所造成的空置硬盘空间。因此，压缩Access文件可以优化Access数据库的性能。下面介绍压缩Access文件的具体操作方法。

　　打开数据库，执行"文件" | "信息"菜单命令，切换到"信息"界面，单击"压缩和修复数据库"按钮，即可压缩Access文件，如图8-6所示。

图 8-6

知识延伸

通过"数据库工具"选项卡中的"压缩和修复数据库"按钮，也可自动压缩和修复当前数据库，如图8-7所示。

图 8-7

动手练 自动压缩和修复数据库

在数据库系统创建完成后，可以不需要人为干预，自动完成压缩数据库的工作。自动压缩可以提高管理数据库的效率。为了实现自动压缩数据库，需要进行以下设置，具体操作步骤如下。

Step 01 在数据库中执行"文件"|"选项"菜单命令，如图8-8所示。

Step 02 弹出"Access选项"对话框，打开"当前数据库"界面，勾选"关闭时压缩"复选框，单击"确定"按钮即可，如图8-9所示。

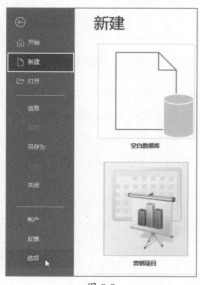

图 8-8

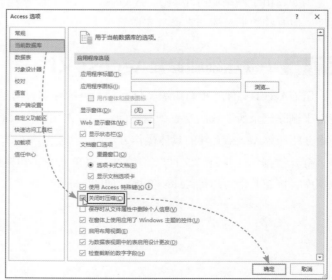

图 8-9

8.2.2　优化数据库性能

Access数据库提供了性能分析功能，可以对数据库中的各类对象进行分析和优化，具体操作方法如下。

Step 01 在"数据库工具"选项卡的"分析"组中单击"分析性能"按钮，如图8-10所示。

图 8-10

Step 02 弹出"性能分析器"对话框，若数据库中包含多个对象，这些对象会分别显示在该对话框中的各个选项卡中，勾选需要优化的对象，单击"确定"按钮，如图8-11所示。当数据库中存在需要优化的项目时，会弹出"性能分析"对话框，并显示推荐、建议和意见3种结果中的1种或多种。选择要优化的项目，单击"优化"按钮即可进行调整。

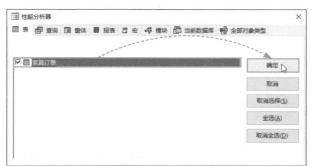

图 8-11

8.3　保护数据库安全

如果用户希望隐藏数据，并防止未知用户打开数据库，可以对Access数据库进行加密。

8.3.1　数据库加密规则

为数据库文件设置密码保护的规则如下。

- 新的加密功能只适用于.accdb文件格式的数据库。
- 新版本的Access加密工具使用的算法比早期的加密工具使用的算法更强。
- 如果想对旧版数据库（.mdb 文件）进行编码或应用密码，Access将使用Microsoft Office Access 2003中的编码和密码功能。

8.3.2 设置信任数据库

默认状态下Access数据库会禁用所有可能不安全的组件和代码，若数据库中的内容是安全的，则可以使用以下方法解除禁用状态。

Step 01 通过执行"文件"|"选项"菜单命令，弹出"Access选项"对话框，打开"信任中心"选项卡，单击"信任中心设置"按钮，如图8-12所示。

Step 02 弹出"信任中心"对话框，打开"消息栏"选项卡，在"显示消息栏"组中选中"活动内容（如ActiveX控件和宏）被阻止时在所有应用程序中显示消息栏"单选按钮，随后单击"确定"按钮关闭对话框即可，如图8-13所示。

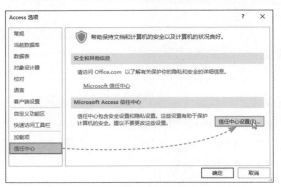

图 8-12

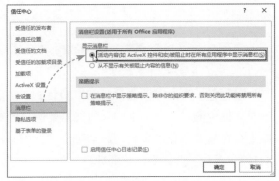

图 8-13

动手练 设置宏安全性

Access为宏安全性提供了多种设置选项，禁止在Access数据库中运行所有宏可以有效防止自动运行的恶意代码破坏数据库文件或是操作系统，保证数据库的安全。但是当Access数据库中安全的宏无法正常运行时，也可以更改宏安全性设置。

Step 01 执行"文件"|"选项"菜单命令，弹出"Access选项"对话框，打开"信任中心"选项卡，单击"信任中心设置"按钮，如图8-14所示。

Step 02 弹出"信任中心"对话框，切换到"宏设置"选项卡。该选项卡中包含了4个单选按钮，其中前两个为禁用所有宏，区别在于是否发出通知，默认情况下Access会选中第2个单选按钮"禁用所有宏，并发出通知"。若确保每次打开的数据库都是安全的，则可以选中第4个单选按钮"启用所有宏（不推荐：可能会运行有潜在危险的代码）"，如图8-15所示。

图 8-14

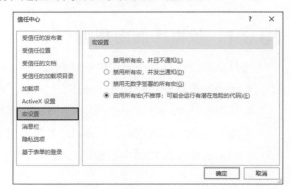

图 8-15

8.3.3 为数据库设置密码

为Access数据库设置开启密码能够有效保护数据库文件，下面介绍使用密码加密数据库的具体操作方法。

Step 01 启动Access软件，切换到"打开"界面，单击"浏览"按钮，如图8-16所示。

Step 02 弹出"打开"对话框，选择要设置密码的Access文件，单击"打开"右侧的下拉按钮，在下拉列表中选择"以独占方式打开"选项，如图8-17所示。

图 8-16

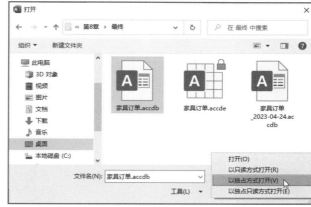

图 8-17

Step 03 所选Access文件随即被打开。执行"文件"|"信息"菜单命令，切换到"信息"界面，单击"用密码进行加密"按钮，如图8-18所示。

图 8-18

Step 04 弹出"设置数据库密码"对话框，在"密码"文本框中输入密码，并在"验证"文本框中再输入一次密码进行确认，单击"确定"按钮，即可完成对当前数据库的加密操作，如图8-19所示。

图 8-19

动手练 撤销数据库密码

若要去除加密数据库的密码，可以执行撤销数据库密码的操作，下面介绍具体操作方法。

Step 01 在任意数据库中执行"文件"丨"打开"菜单命令，切换至"打开"界面，单击"浏览"按钮，如图8-20所示。

Step 02 弹出"打开"对话框，选择加密的Access文件，单击"打开"右侧的下拉按钮，在下拉列表中选择"以独占方式打开"选项，如图8-21所示。

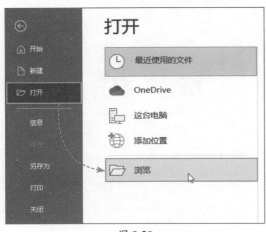

图 8-20

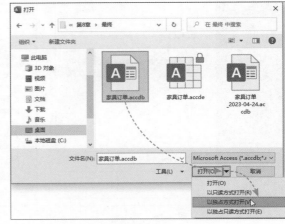

图 8-21

Step 03 弹出"要求输入密码"对话框，输入该文件的密码，单击"确定"按钮，如图8-22所示。

Step 04 执行"文件"丨"信息"菜单命令，切换至"信息"界面，单击"解密数据库"按钮，如图8-23所示。

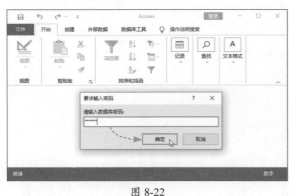

图 8-22

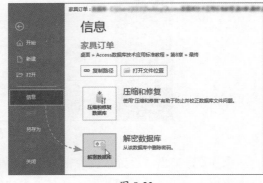

图 8-23

Step 05 在系统随即弹出的"撤销数据库密码"对话框中输入密码，单击"确定"按钮，即可去除数据库的密码，如图8-24所示。

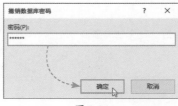

图 8-24

Access数据库基础与应用标准教程（实战微课版）

案例实战——数据库表的拆分和排列

　　数据库中的表可以和查询以及窗体等其他对象拆分出来单独显示。另外，通过对窗口的重新布局，还可以调整表的显示以及排列方式。下面介绍具体操作步骤。

Step 01 打开包含多个对象的数据库。切换到"数据库工具"选项卡，在"移动数据"组中单击"Access 数据库"按钮，如图8-25所示。

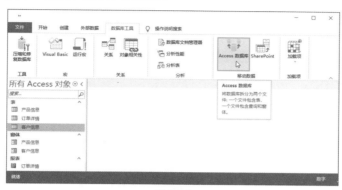

图 8-25

Step 02 弹出"数据库拆分器"对话框，单击"拆分数据库"按钮，如图8-26所示。

Step 03 打开"创建后端数据"对话框，选择文件的保存类型及文件名，单击"拆分"按钮，如图8-27所示。

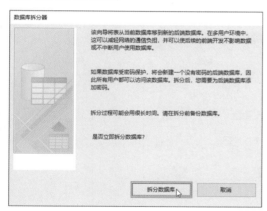

图 8-26

图 8-27

Step 04 拆分完成后系统弹出"数据库拆分器"对话框，单击"确定"按钮，关闭对话框即可，如图8-28所示。

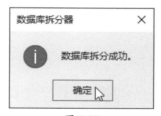

图 8-28

Step 05 源数据库中的所有表随即被拆分至新的数据库中，如图8-29所示。拆分数据库不会将源数据库中的表删除，如图8-30所示。源数据库中的表与被拆分的表会形成"链接表"的关系。不管编辑哪个数据库中的表，另一个数据库中对应的表也会随之发生相应更改。

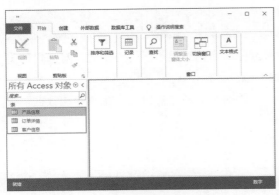

图 8-29

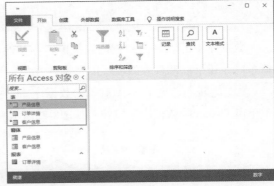

图 8-30

Step 06 源数据库中的表被拆分至新的数据库以后，新数据库中的表可以在独立的窗口中打开，窗口的大小、叠放次序均可单独调整，如图8-31所示。

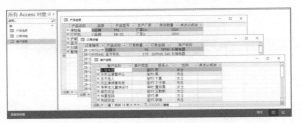

图 8-31

Step 07 在"开始"选项卡中的"窗口"组内单击"切换窗口"按钮，通过下拉列表中提供的选项可设置窗口的排列方式，此处选择"水平平铺"选项，如图8-32所示。

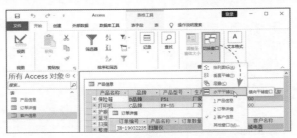

图 8-32

Step 08 数据库中所有打开的表随即被水平平铺排列，便于同时查看多个表中的数据，如图8-33所示。

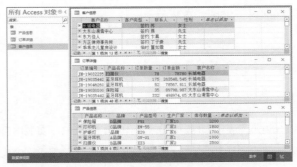

图 8-33

1. Q: 如何设置受信任位置?

A: Aceess提供了"受信任位置"文件夹,位于该文件夹中的数据库会被Access判定为安全的。用户可通过"Access选项"对话框进入"信任中心",如图8-34所示。在"受信任位置"选项卡中显示当前受信任的位置,用户可根据需要添加新位置,删除或修改当前受信任位置,如图8-35所示。

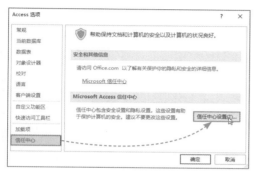

图 8-34   图 8-35

2. Q: 如何打开加密的数据库?

A: 为数据库设置密码后必须输入正确的密码才能打开数据库。双击需要打开的加密数据库文件,弹出"要求输入密码"对话框,输入密码,单击"确定"按钮即可打开加密数据库,如图8-36所示。

图 8-36

3. Q: 如何恢复数据库中的指定对象?

A: 从备份的数据中可恢复指定的对象,具体可使用获取外部数据源的方法来操作。在"外部数据"选项卡的"导入并链接"组中单击"新数据源"下拉按钮,在下拉列表中选择"从数据库"选项,在其下级列表中选择"Access"选项,如图8-37所示。在弹出的对话框中添加备份数据库位置,单击"确定"按钮,打开"导入对象"对话框,选中需要导入的对象,单击"确定"按钮即可,如图8-38所示。

图 8-37   图 8-38

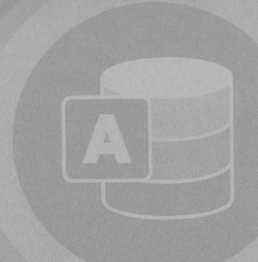

附　录

Access 数据库应用
上机指导

上机练习01　将外部数据导入Access

【练习目的】熟悉Access的操作界面及功能区，熟悉命令按钮及操作选项的使用方法。

【练习内容】导入"员工信息管理"Excel工作簿中的数据。"实例文件"中提供了相应的练习素材，所有上机练习素材文件均放在"实例文件\附录"文件夹下。为简单起见，以下各上机练习将不再重复说明文件的目录位置。

（1）启动Access软件，创建一个空白数据库，设置文件名为"员工信息"。

（2）单击"外部数据"选项卡中的"新数据源"下拉按钮，在下拉列表中选择"从文件"|"Excel"选项，如图1所示。

图 1

（3）打开"获取外部数据-Excel电子表格"对话框，通过单击"浏览"按钮添加对象的来源。

（4）在"导入数据向导"对话框中设置"第一行包含标题""让Access添加主键"，设置导入到的表名称为"员工基本信息"。将Excel工作簿中的内容导入Access的效果如图2所示。本次上机练习的详细操作步骤可参照本书第2章"案例实战——向数据库中导入外部数据"的相关内容。

图 2

上机练习02 按照要求创建数据库

【练习目的】熟练掌握Access中数据库的创建、保存及命名方法。

【练习内容】分别使用新建空白数据库和新建模板数据库的方法创建数据库。

1. 创建空白数据库

（1）启动Access软件，在"开始"界面单击"空白数据库"按钮。

（2）在随后弹出的对话框中设置文件名称为"商品管理"，并选择文件保存位置，单击"创建"按钮即可完成创建。本次上机练习的详细操作步骤可参照本书"2.3.1 创建空白数据库"的相关内容。

2. 创建模板数据库

（1）启动Access软件，在"新建"界面选择"行业"模板类型，如图3所示。

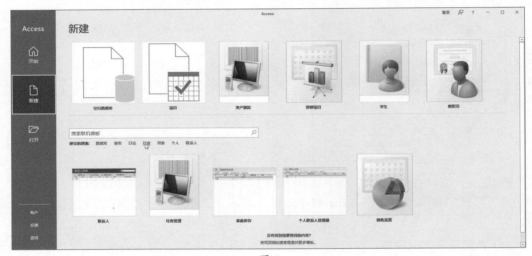

图3

（2）在搜索到的模板中选择"营销项目"选项，如图4所示。

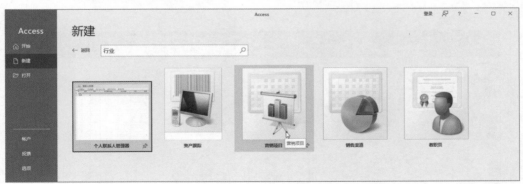

图4

（3）在随后弹出的对话框中单击"创建"按钮，创建所选类型的模板数据库。

（4）执行"文件"|"另存为"菜单命令，切换到"另存为"界面，保持数据库文件类型为默认的"Access数据库"，单击"另存为"按钮，如图5所示。

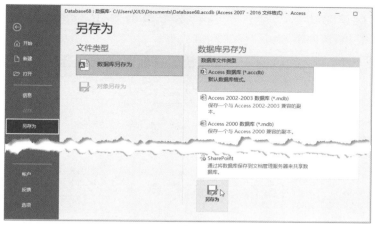

图 5

（5）弹出"另存为"对话框，选择文件的保存位置，设置文件名为"产品营销"，单击"保存"按钮，完成模板文档的创建。本次上机练习的详细操作步骤可参照本书第2章"动手练：创建模板数据库"的相关内容。

上机练习03 在数据表视图中创建员工薪资表

【练习目的】掌握构建表结构的方法，熟练掌握在"数据表视图"模式下创建和保存表，以及设置字段名称、数据类型、字段属性的方法。

【练习内容】在"员工信息"数据库中，创建"员工薪资"表，"员工薪资"表的结构如表1所示。

表1 "员工薪资"表的结构

字段名称	数据类型	字段大小
序号	自动编号	
工号	短文本	10个字符
姓名	短文本	20个字符
部门	短文本	20个字符
入职日期	日期和时间	
基本工资	货币	

（1）打开"员工信息"数据库文件，新建一张名为"表1"的空白表。此处详细操作步骤可参照本书"3.1.2 新建空白表"的相关内容。

（2）对新建的表执行保存操作，设置表名称为"员工薪资"。此处详细操作步骤可参照本书第3章"动手练：保存表"的相关内容。

（3）在"数据表视图"模式下修改"ID"字段的标题为"序号"，随后依次添加"工号""姓名""部门""入职日期""基本工资"字段，并参照表1设置字段的数据类型及字段大小。此处详细操作步骤可参照本书"3.1.4 设置字段类型并输入信息"的相关内容。

提示 在"数据表视图"模式下，也可在"表字段"选项卡中的"格式"组中设置所选字段的"数据类型"，在"属性"组中设置"字段大小"，如图6所示。

上机练习04　在设计视图中创建员工考勤表

【练习目的】熟练掌握在"设计视图"中创建表、设置字段名称和属性、设置主键的方法。

【练习内容】在"员工信息"数据库中，创建"员工考勤"表，"员工考勤"表的结构如表2所示。

表 2 　"员工考勤"表的结构

字段名称	数据类型	字段大小
工号	短文本	10个字符
姓名	短文本	20个字符
部门	短文本	20个字符
请假天数	数字	长整型
出勤天数	数字	长整型
应扣工资	货币	
实发工资	货币	

（1）打开"员工信息"数据库文件，在"创建"选项卡中单击"表设计"命令按钮，在设计视图中创建"表1"，效果如图7所示。

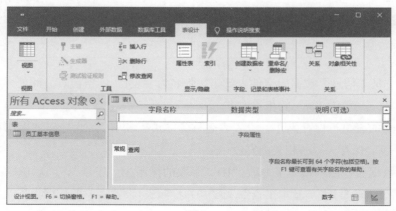

图 7

（2）参照表2的要求，分别在"字段名称"列中输入字段标题，在"数据类型"列中设置字段的类型，在"字段属性"窗格中设置字段的大小，如图8所示。

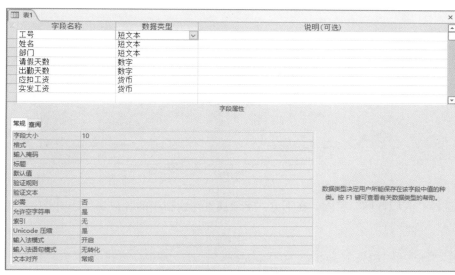

图 8

（3）将"工号"字段设置为主键，随后保存表，设置表名称为"员工考勤表"，如图9所示。以上详细操作步骤可参照本书第3章"动手练：使用设计视图创建表"的相关内容。

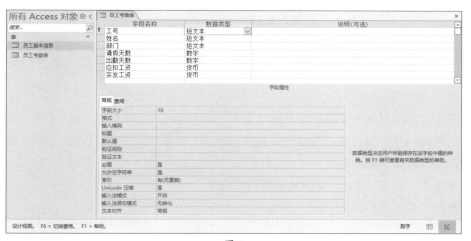

图 9

上机练习05 设置表字段属性

【练习目的】熟练掌握表字段属性的设置方法，例如输入掩码、设置数据格式、设置默认值、设置验证规则等。

【练习内容】打开"员工信息"数据库，根据要求设置"员工基本信息"表中所指字段的属性。

（1）在"员工信息"数据库中打开"员工基本信息"表，在"开始"选项卡中单击"视图"下拉按钮，在下拉列表中选择"设计视图"选项，切换到"设计视图"，如图10所示。

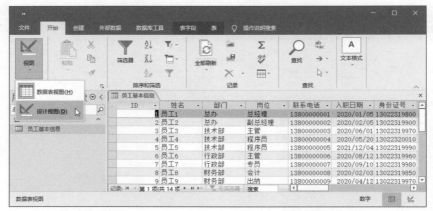

图 10

（2）选择"入职日期"字段，在下方"字段属性"窗格中的"常规"选项卡中设置"格式"为"短日期"，如图11所示。

图 11

（3）选中"入职日期"字段，将光标定位于"输入掩码"文本框中，单击右侧的 ··· 按钮。弹出"输入掩码向导"对话框，选择"中日期"选项，单击"下一步"按钮，如图12所示。在下一步对话框中设置"输入掩码"和"占位符"，单击"下一步"按钮，如图13所示。在最后一步对话框中单击"完成"按钮，完成输入掩码的设置。

（4）打开"员工基本信息"表。

图 12

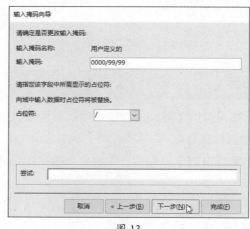

图 13

（5）选中"学历"字段，在"默认值"文本框中输入"'本科'"，如图14所示。为字段设置默认值后，当插入新记录时，Access会将该默认值显示在相应的字段中。

（6）选中"年龄"字段，在"验证规则"文本框中输入验证规则为">0 And <=60"，如图15所示。设置了字段的验证规则后，向表中输入数据时，若输入的数据不符合数据验证规则，Access会弹出提示对话框。

图 14

图 15

上机练习06　为指定字段设置索引

【练习目的】熟练掌握为单个字段创建索引的方法。

【练习内容】打开"员工考勤统计"数据库，对"员工考勤表"中的"性别"字段创建索引。

（1）打开"员工考勤统计"数据库，使用"设计视图"打开"员工考勤表"。选择"部门"字段，在"表设计"选项卡中的"工具"组内单击"插入行"按钮，在"部门"字段前面添加一行。

（2）在插入的空白行中输入字段名称为"性别"，数据类型为"短文本"。

（3）选中"性别"字段，在"字段属性"窗格中设置"索引"为"有（有重复）"，如图16所示。当需要同时搜索或为多个字段排序时，可以创建多字段索引。在使用多字段索引进行排序时，首先使用定义在索引中的第1个字段进行排序。当第1个字段中有重复值时，则使用索引中的第2个字段进行排序，以此类推。

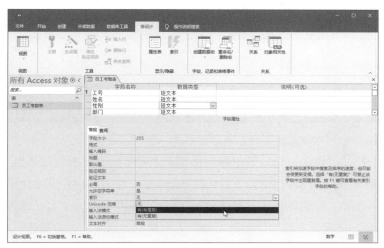

图 16

上机练习07　为多个字段设置索引

【练习目的】熟练掌握为多个字段创建索引的方法。

【练习内容】打开"员工考勤统计"数据库，为"员工考勤表"中的"工号""姓名""部门"字段创建索引。

（1）打开"员工考勤统计"数据库，使用"设计视图"打开"员工考勤表"。在"表设计"选项卡中的"显示/隐藏"组中单击"索引"按钮，如图17所示。

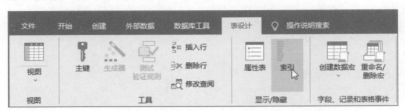

图 17

（2）在"索引"对话框中的"索引名称"第1行中输入要设置的索引名称为"工号"，在"字段名称"第1行中选择用于索引的第1个字段为"工号"。

（3）"索引名称"第2行中不输入任何内容，"字段名称"选择用于索引的第2个字段为"姓名"。

（4）"索引名称"第3行中不输入任何内容，"字段名称"选择用于索引的第3个字段为"部门"，如图18所示。设置完成后关闭对话框即可。

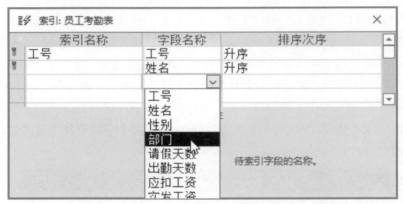

图 18

 上机练习08　筛选符合多个条件的员工信息

【练习目的】熟练掌握高级筛选的方法。

【练习内容】打开"员工信息"数据库，从"员工基本信息"表中筛选出"入职日期"在2021年之前、性别为"男"的员工信息，并将筛选结果按"生日"进行升序排序。

（1）打开"员工信息"数据库，在默认的"数据表视图"中打开"员工基本信息"表。

（2）在"开始"选项卡中的"排序和筛选"组中单击"高级"下拉按钮，在下拉列表中选择"高级筛选/排序"选项，如图19所示。

图 19

（3）在"筛选"窗口下半部分的"字段"行中分别添加"入职日期""性别"以及"生日"字段。

（4）设置"入职日期"字段的"条件"为"<#2021/1/1#"，"性别"字段的"条件"为"男"，"生日"字段的"排序"方式为"升序"，如图20所示。

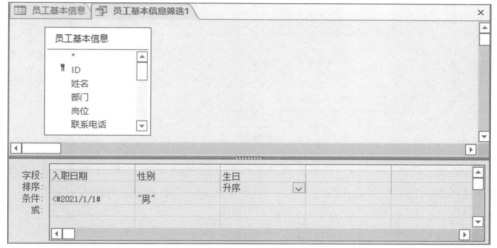

图 20

（5）在"开始"选项卡中的"排序和筛选"组中单击"应用筛选"按钮，即可查看筛选结果，如图21所示。

图 21

上机练习09　在查询设计器中创建查询

【练习目的】熟练掌握在查询中添加表、创建查询以及保存查询的方法。

【练习内容】打开"订单统计"数据库，根据"订单详情"表新建查询。在查询中添加"订单编号""客户姓名""订单额""运输费"等字段。

（1）打开"订单统计"数据库，在导航窗格中选中（或打开）"订单详情"表。切换到"创建"选项卡，在"查询"组中单击"查询设计"按钮。通过"查询表"对话框添加"订单查询"表。

（2）在"查询1"窗口下半部分的"字段"行中依次添加"订单编号""客户姓名""订单额"以及"运输费"字段，如图22所示。

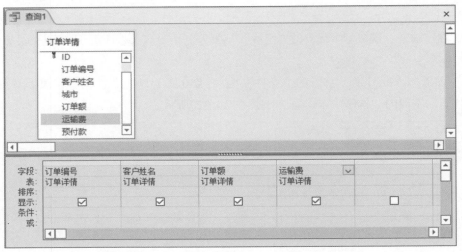

图 22

（3）保存"查询1"窗口，设置查询的名称为"订单额查询"。创建查询的效果如图23所示。本次上机练习的详细操作步骤可参照本书第4章"动手练：在设计视图中创建查询"的相关内容。

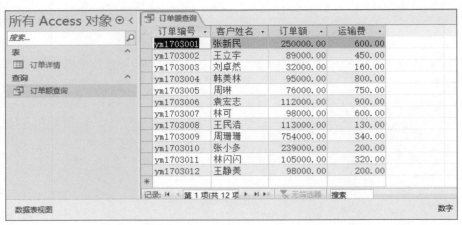

图 23

Access数据库基础与应用标准教程（实战微课版）

上机练习10 设计查询

【练习目的】熟练掌握查询的设计方法，包括设置添加或删除字段、调整字段的排列顺序、设置查询条件、设置字段值的排列方式。

【练习内容】打开"学生信息"数据库，根据要求对"学生信息"查询中的字段进行设计。

（1）打开"学生信息"数据库，在"设计视图"中打开"学生信息"查询。在窗口下方的"字段"行中选中"党团"字段，打开"查询设计"选项卡，在"查询类型"组中单击"删除列"按钮，删除"党团"字段，如图24所示。

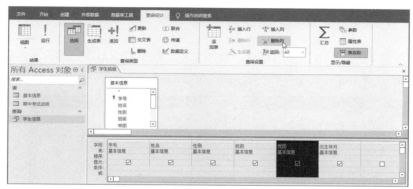

图 24

提示 通过"查询设置"组中的"插入行""插入列""删除行"等按钮，可以在查询窗口中执行相应的操作。

（2）将"班级"字段移动到"姓名"字段的左侧。此处详细操作步骤可参照本书第4章"动手练：调整字段顺序"的相关内容。

（3）在查询窗口的下半部分输入"班级"字段的条件为"23班"。

（4）在"学号"字段下方的"排序"单元格中单击下拉按钮，在下拉列表中选择"降序"选项，如图25所示。

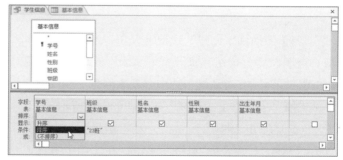

图 25

（5）将"学生信息"查询切换回"数据表视图"，查询结果如图26所示。

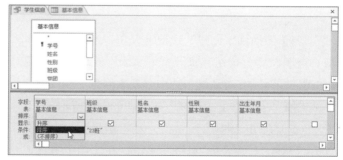

图 26

上机练习11　在查询中添加多张表

【练习目的】熟练掌握创建表关系以在查询中添加多个表的方法。

【练习内容】打开"学生信息"数据库，为"基本信息"和"期中考试成绩"表创建关系，将这两张表同时添加到查询，并按照要求添加字段。

（1）打开"学生信息"数据库，切换到"关系设计"选项卡，在"关系"组中单击"关系"按钮，打开"关系"窗口。

（2）在"关系设计"选项卡的"关系"组中单击"添加表"按钮，弹出"显示表"对话框，选中"基本信息"和"期中考试成绩"表，单击"添加"按钮，将这两个表添加到"关系"窗口中。

（3）为两张表中的"学号"字段创建一对一关系，如图27所示。上述内容的详细操作步骤可参照本书第3章"动手练：创建一对一表关系"的相关内容。

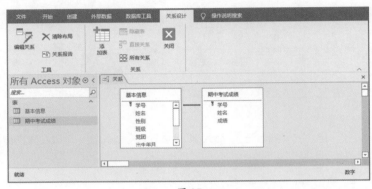

图 27

（4）切换到"创建"选项卡，在"查询"组中单击"查询设计"按钮，打开"显示表"对话框。按住Ctrl键的同时，在对话框中选中"基本信息"和"期中考试成绩"表，单击"添加"按钮，如图28所示。

（5）在"查询1"窗口的"基本信息"表中依次双击"学号""姓名""班级"字段，在"期中考试成绩"表中双击"成绩"字段，将这些字段添加到窗口下方的"字段"行中，如图29所示。

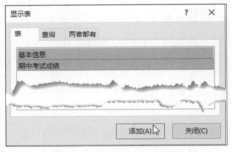

图 28

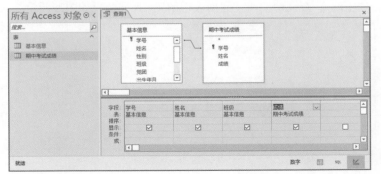

图 29

（6）在"成绩"字段下方的"排序"单元格中单击下拉按钮，在下拉列表中选择"升序"选项，如图30所示。将查询中的内容按照成绩从低到高的顺序排列。

图 30

（7）按Ctrl+S组合键，打开"另存为"对话框，设置查询名称为"成绩查询"。最后切换回"数据表视图"，创建"成绩查询"的最终效果如图31所示。

图 31

上机练习12　创建多种类型的窗体

【练习目的】熟练掌握各种类型窗体的创建方法。

【练习内容】打开"库存管理"数据库，根据要求创建窗体。

（1）根据"库存统计"表创建单项目窗体。在导航窗格中选择"库存统计"表，切换到"创建"选项卡，在"窗体"组中单击"窗体"按钮，即可完成单项目窗体的创建。效果如图32所示。此处详细操作步骤可参照本书5.2.1节的相关内容。

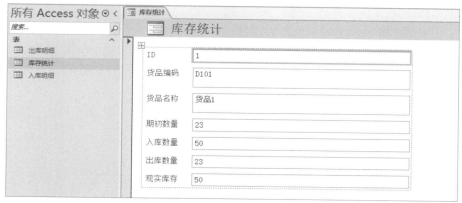

图 32

（2）根据"出库明细"表创建多项目窗体。在导航窗格中选择"出库明细"表，打开"创建"选项卡，在"窗体"组中单击"其他窗体"下拉按钮，在下拉列表中选择"多个项目"选项，即可创建多项目窗体，效果如图33所示。此处详细操作步骤可参照本书5.2.3节的相关内容。

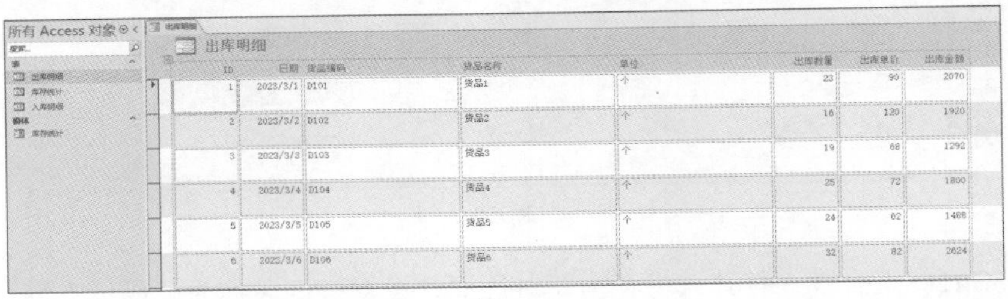

图 33

（3）根据"入库明细"表创建分割窗体。在导航窗格中选择"入库明细"表，切换到"创建"选项卡，在"窗体"组中单击"其他窗体"下拉按钮，在下拉列表中选择"分割窗体"选项，即可创建分割窗体，效果如图34所示。

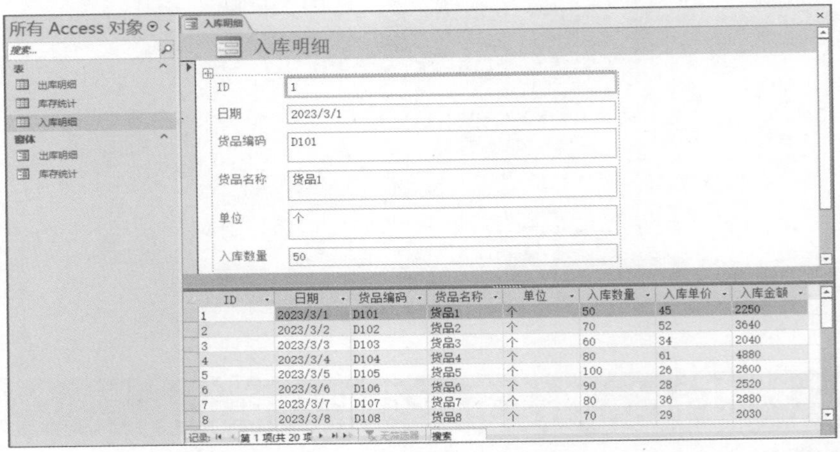

图 34

提示 "其他窗体"下拉列表中提供的"数据表"选项还可以创建数据表窗体。

（4）使用"窗体向导"为"出库明细"表创建窗体，在窗体中添加"日期""货品编码""货品名称""出库数量"字段，窗体名称设置为"出库数量"，如图35所示。此处详细操作步骤可参照本书第5章的相关内容。

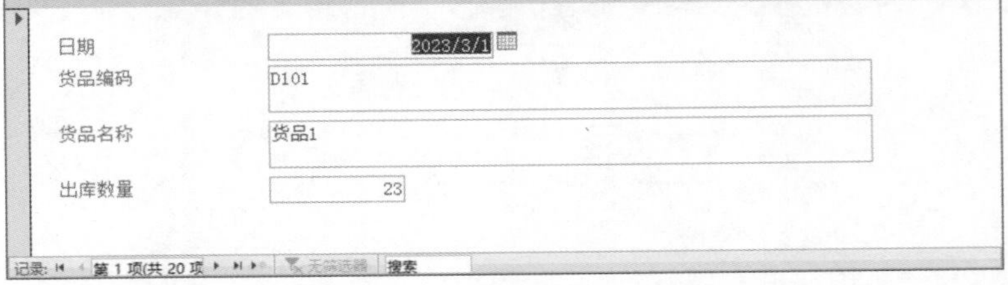

图 35

上机练习13　创建包含子窗体的窗体

【练习目的】熟练掌握如何通过建立表关系，创建包含子窗体的窗体。

【练习内容】打开"库存管理"数据库，先为"出库明细"和"入库明细"表创建关系，再创建包含子窗体的窗体。

（1）在"设计视图"模式下打开"入库明细"表。选择"货品编码"字段，切换到"表设计"选项卡，在"工具"组中单击"主键"按钮，将"货品编码"字段设置为主键，如图36所示。

图 36

（2）为"出库明细"和"入库明细"表中的"货品编码"字段创建一对多表关系，如图37所示。此处的详细操作步骤可参照本书第3章的相关内容。

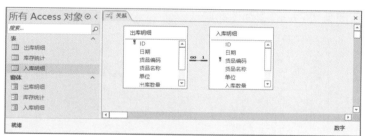

图 37

（3）在导航窗格中选择"入库明细"表，打开"创建"选项卡，单击"窗体"按钮，此时便可创建一个显示入库明细的单项目窗体，并在窗口下方以子窗体形式显示与当前入库明细相关的出库信息，如图38所示。

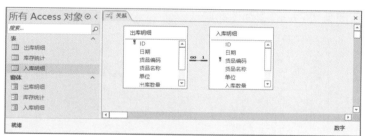

图 38

【练习目的】熟练掌握如何调整窗体中控件的大小、排列、文本格式，以及为窗体设置背景等。

【练习内容】打开"库存管理"数据库，在"设计视图"模式下调整指定窗体内控件的外观，并为窗体设置背景。

（1）打开"库存管理"数据库，以"设计视图"模式打开"出库数量"窗体。

（2）切换到"表设计"选项卡，在"工具"组中单击"属性表"按钮，打开"属性表"窗格。

（3）在窗体的主体中通过单击依次选择左侧一列的标签，在"属性表"窗格中设置标签的宽度为"3cm"、高度为"0.7cm"，如图39所示。

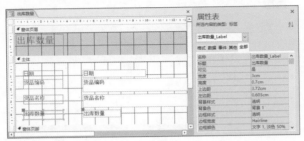

图 39

（4）在窗体的主体中通过单击依次选择右侧一列的标签，在"属性表"窗格中设置标签的宽度为"6cm"、高度为"0.7cm"，如图40所示。

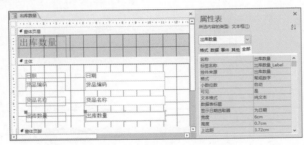

图 40

（5）使用鼠标框选的方式选中主体中所有控件，切换到"排列"选项卡，在"调整大小和排序"组中单击"大小/空格"下拉按钮，在下拉列表中选择"垂直相等"选项，调整所选控件的垂直距离，如图41所示。

图 41

（6）保持主体中的控件为选中状态，在"位置"组中单击"控件边距"下拉按钮，在下拉列表中选择"中"选项，如图42所示。

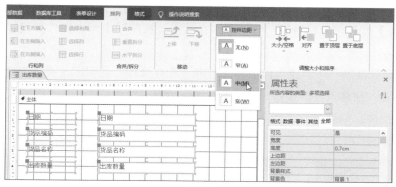

图 42

（7）切换到"格式"选项卡，在"字体"组中设置控件中文本的字体、字号、字体颜色、对齐方式等，如图43所示。

图 43

（8）切换到"格式"选项卡，单击"背景图像"下拉按钮，在下拉列表中选择"浏览"选项，如图44所示。在弹出的"插入图片"对话框中选择要使用的图片，单击"打开"按钮，为窗体设置图片背景。

图 44

（9）将光标定位于左侧列中的"日期"控件中，修改文本内容为"出库日期"，控件设置完成后切换回窗体视图，查看窗体控件的设置效果，如图45所示。

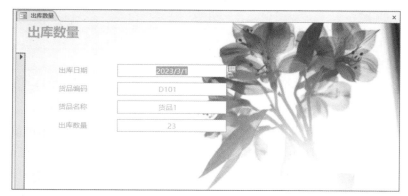

图 45

【**练习目的**】熟练掌握在"设计视图"中添加控件、编辑控件以及设计控件属性的方法。

【**练习内容**】打开"库存管理"数据库，在"设计视图"中添加控件并设置控件的大小和属性。

（1）在"设计视图"中新建空白窗体。打开"库存管理"数据库，在"创建"选项卡中的"窗体"组中单击"窗体设计"按钮，在设计视图下创建"窗体1"。

（2）选择控件。切换到"表单设计"选项卡，在"控件"组中展开控件库，选择"文本框"控件，如图46所示。

图 46

（3）绘制控件。将光标移动到窗体中，按住鼠标左键同时拖动光标，绘制文本框。绘制完成后文本框右侧会自动显示一个标签，并自动弹出"文本框向导"对话框。

（4）设置控件文本格式。在"文本框向导"对话框中设置字体为"微软雅黑"、字号为"14"、文本对齐方式为"居中"，设置完成后单击"完成"按钮关闭对话框，如图47所示。文本框设置效果如图48所示。

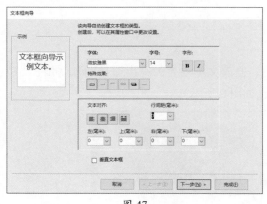

图 47

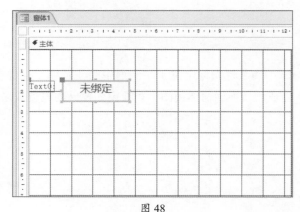

图 48

（5）打开"属性表"窗格。切换到"表单设计"选项卡，在"工具"组中单击"属性表"按钮，窗口右侧随即出现"属性表"窗格。

（6）设置标签大小和效果。在窗体中通过单击选中左侧的标签，在"属性表"窗格的"全部"选项卡中设置标题为"货品编码"、宽度为"3cm"、高度为"1cm"、特殊效果为"凸起"、字体名称为"华文细黑"、字号为"14"、文本对齐方式为"居中"，如图49所示。

（7）设置文本框大小和效果。在窗体中通过单击选中右侧的文本框，在"属性表"窗格的"全部"选项卡中设置宽度为"4cm"、高度为"1cm"、特殊效果为"凸起"，如图50所示。

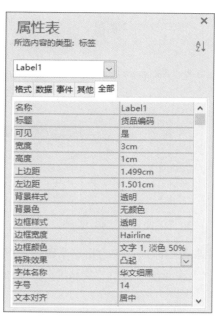

图 49　　　　　　　　　　　　　　　　　　图 50

（8）查看控件设置效果。窗体中标签和文本框控件的设置效果如图51所示。

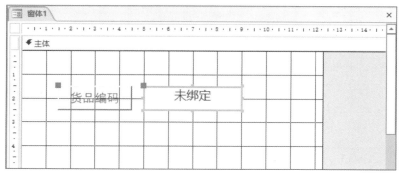

图 51

上机练习16　设置控件来源

【练习目的】熟练掌握设计窗体时控件来源的设置。

【练习内容】在"上机练习15"的基础上为文本框控件添加控件来源。

（1）打开窗体。在"库存管理"数据库中以"设计视图"模式打开"窗体1"窗体。

（2）为窗体链接记录源。打开"属性表"窗格。单击"属性表"窗格顶部的下拉按钮，在下拉列表中选择"窗体"选项，切换到"数据"选项卡，单击"记录源"右侧下拉按钮，在下拉列表中选择"入库明细"表，如图52所示。

（3）为文本框设置控件来源。在窗体中单击右侧文本框将其选中，在"属性表"窗格的"数据"选项卡中单击"控件来源"右侧下拉按钮，在下拉列表中选择"货品编码"字段，如图53所示。

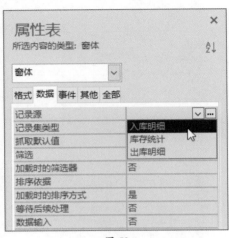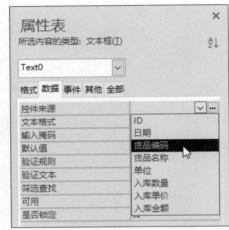

图 52　　　　　　　　　　　　　　　　图 53

（4）查看控件来源设置效果。文本框的控件来源随即被设置为指定字段，如图54所示。切换回"设计视图"，可以看到文本框中自动显示"入库明细"表中"货品编码"字段的数据，如图55所示。

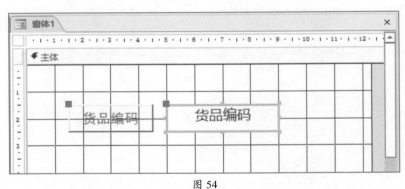

图 54

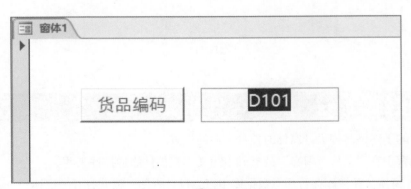

图 55

上机练习17　快速复制控件并修改控件属性

【练习目的】熟练掌握在"设计视图"中复制及修改控件属性的方法。

【练习内容】在"上机练习16"的基础上复制控件、修改控件属性并排列控件。

（1）复制控件。打开"库存管理"数据库，以"设计视图"模式打开"窗体1"。按住鼠标左键的同时拖动光标，在窗体中框选标签和文本框，将标签和文本框同时选中。按Ctrl+C组合键复制，随后按Ctrl+V组合键粘贴，如图56所示。

（2）修改控件属性。在"属性表"窗格中修改被复制的标签"标题"为"货品名称"，修改被复制的文本框的"控件来源"为"货品名称"，效果如图57所示。

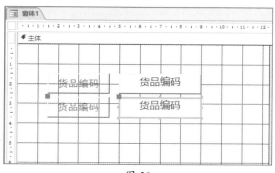

图 56

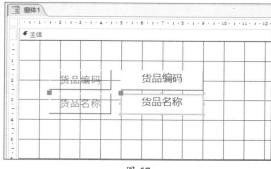

图 57

（3）复制控件并修改控件属性。参照上述步骤，继续复制标签和文本框控件，并依次修改控件的标题和控件来源，向窗体中添加"入库数量""入库单价"以及"入库金额"字段。

（4）设置控件数据格式。依次选中"入库单价"和"入库金额"文本框，在"属性表"的"格式"选项卡中单击"格式"下拉按钮，在下拉列表中选择"货币"选项，如图58所示。

图 58

（5）排列控件。按Ctrl+A组合键，选中窗体中的所有控件，打开"排列"选项卡，在"位置"组中单击"控件边距"下拉按钮，在下拉列表中选择"中"选项。在"调整大小和排序"组中单击"大小/空格"下拉按钮，在下拉列表中选择"垂直增加"选项，如图59所示。

图 59

（6）保存窗体。按Ctrl+S组合键，打开"另存为"对话框，设置窗体名称为"入库记录"。切换至"窗体视图"，查看控件的设置效果，如图60所示。

图 60

上机练习18　设置窗体页眉页脚

【练习目的】熟练掌握在"设计视图"中设置窗体页眉页脚的方法。

【练习内容】在"入库记录"窗体中添加页眉标题，在页脚中显示当前日期。

（1）打开"库存管理"数据库。以"设计视图"模式打开"入库记录"窗体。

（2）切换到"表单设计"选项卡，在"页眉/页脚"组中单击"标题"按钮，窗体中随即显示"窗体页眉"和"窗体页脚"区域。此时窗体页眉中自动显示标题文本框，文本框中的内容默认与窗体名称相同，如图61所示。

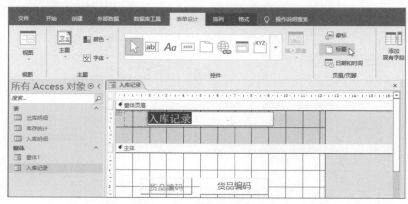

图 61

（3）在"窗体页眉"中选中标题文本框，打开"格式"选项卡，在"字体"组中设置字体为"微软雅黑"、字号为"24"、字体颜色为"橙色，个性色2"，如图62所示。

图 62

（4）保持标题为选中状态，将光标移动到文本框的任意一个边角位置，光标变成倾斜的双向箭头时按住鼠标左键进行拖动，调整文本框的大小，如图63所示。

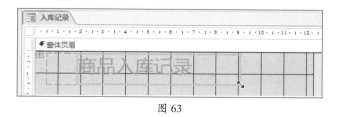

图 63

（5）切换回"表单设计"选项卡，在"页眉/页脚"组中单击"日期和时间"按钮，打开"日期和时间"对话框，取消勾选"包含时间"复选框，单击"确定"按钮，如图64所示。

（6）"窗体页眉"中随即显示日期和时间控件，选中该控件，将其拖动到"窗体页脚"区域，如图65所示。

图 64

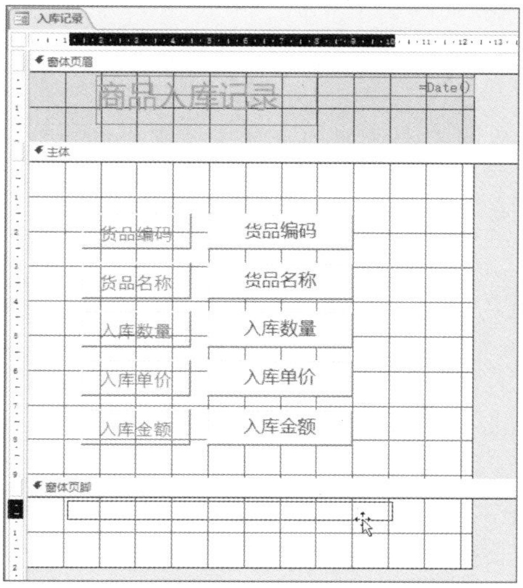

图 65

（7）将光标移动到"窗体页眉"与"主体"相邻位置，光标变成双向箭头时按住鼠标左键向上拖动，调整窗体页眉的高度，如图66所示。

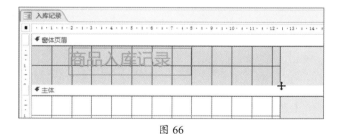

图 66

（8）切换到"窗体视图"，查看窗体页眉和页脚的设置效果，如图67所示。

图 67

上机练习19 创建基本报表

【练习目的】熟练掌握创建基本报表的各种方法。

【练习内容】打开"销售数据"数据库，创建基于"客户信息"表的基本报表。

（1）打开"销售数据"数据库，在导航窗格中选择"客户信息"表，打开"创建"选项卡，在"报表"组中单击"报表"按钮，如图68所示。

图 68

（2）数据库中随即创建基于"客户信息"表的报表，最后保存报表，如图69所示。本次上机练习的详细操作步骤可参照本书6.2.1节的相关内容。

ID	下单日期	客户编号	客户姓名	地区	订单状态	经手人
1	1月1日	CUM-0001	客户名称1	郑州	已发货	张三
2	1月2日	CUM-0001	客户名称1	洛阳	已发货	张三
3	1月3日	CUM-0001	客户名称1	北京	已发货	张三
4	1月4日	CUM-0001	客户名称1	郑州	已发货	张三
5	1月5日	CUM-0002	客户名称2	洛阳	已发货	李四
6	1月6日	CUM-0002	客户名称2	北京	已发货	李四
7	1月7日	CUM-0003	客户名称3	郑州	已发货	李四
8	1月8日	CUM-0003	客户名称3	洛阳	已发货	李四
9	1月9日	CUM-0003	客户名称3	北京	已发货	李四
10	1月10日	CUM-0004	客户名称4	郑州	已发货	李四
11	1月11日	CUM-0004	客户名称4	洛阳	已发货	李四
12	1月12日	CUM-0005	客户名称5	北京	已发货	王五
13	1月13日	CUM-0005	客户名称5	郑州	已发货	王五

图 69

上机练习20 创建包含指定字段的报表并按地区分组

【练习目的】熟练掌握使用"报表向导"创建报表的方法。

【练习内容】打开"销售数据"数据库，使用"报表向导"创建包含指定字段的报表，按"地区"字段分组，并按"下单日期"字段进行排序。

（1）打开"销售数据"数据库。在导航窗格中选择"客户信息"表，在"报表"组中单击"报表向导"按钮，打开"报表向导"对话框。

（2）在"报表向导"对话框"选定字段"框中添加"下单日期""客户编号""客户姓名""地区"字段，单击"下一步"按钮，如图70所示。

（3）将"地区"字段设置为分组字段，单击"下一步"按钮，如图71所示。

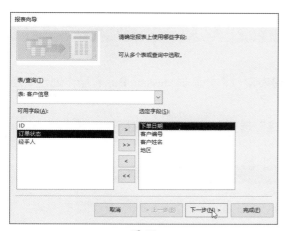

图 70

图 71

（4）设置按照"下单日期"字段 "升序"排序，单击"下一步"按钮，如图72所示。

（5）设置报表名称为"按地区分组"，单击"完成"按钮，如图73所示。

图 72

图 73

（6）报表创建效果如图74所示。本次上机练习详细操作步骤可参照本书第6章的相关内容。

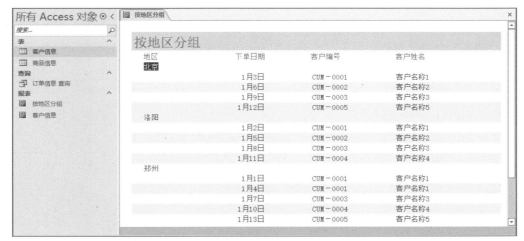

图 74

上机练习21 使用宏创建欢迎窗口

【练习目的】熟练掌握宏的创建方法。

【练习内容】打开"库存管理"数据库，创建宏窗口，并添加MessageBox宏操作创建欢迎窗口。

（1）打开"库存管理"数据库，切换到"创建"选项卡，在"宏与代码"组中单击"宏"按钮，创建"宏1"窗口，如图75所示。

图 75

（2）在"宏1"窗口右侧的"操作目录"窗格中打开"用户界面命令"文件夹，双击MessageBox宏命令，如图76所示。

图 76

提示 若未显示"操作目录"窗格，则可在"宏设计"选项卡的"显示/隐藏"组中单击"操作目录"按钮将其打开。

（3）"宏1"窗口中随即被添加MessageBox宏操作。该宏操作包含4个参数，依次设置各参数，在"消息"右侧文本框中输入"欢迎使用Access数据库！"，设置"发嘟嘟声"为"是"，设置"类型"为"无"，在"标题"文本框中输入"欢迎信息"，如图77所示。

图 77

Access数据库基础与应用标准教程（实战微课版）

（4）宏操作设置完成后，按Ctrl+S组合键执行保存操作，弹出"另存为"对话框，设置宏名称为"欢迎窗口"，单击"确定"按钮，如图78所示。

图 78

（5）保存宏以后切换到"宏设计"选项卡，在"工具"组中单击"运行"按钮，如图79所示。数据库随即运行宏，弹出"欢迎信息"对话框，如图80所示。

图 79

图 80

上机练习22　为按钮链接宏

【练习目的】熟练掌握为指定对象链接宏操作的方法。

【练习内容】打开"库存管理"数据库，创建空白窗体并添加按钮，为按钮嵌入宏操作。

（1）打开基于"上机练习21"的"库存管理"数据库，切换到"创建"选项卡，在"窗体"组中单击"空白窗体"按钮，创建"窗体1"空白窗体，如图81所示。

图 81

（2）切换到"窗体布局设计"选项卡，在"控件"组中单击"按钮"控件，如图82所示。

图 82

（3）在空白窗体中的任意位置单击，窗体左上角随即被添加一个按钮，同时弹出"命令按钮向导"对话框，保持默认选项，单击"下一步"按钮，如图83所示。

（4）选中"文本"单选按钮，在"文本"右侧文本框中输入"点击打开欢迎窗口"，单击
"完成"按钮，如图84所示。设置按钮中显示的文本。

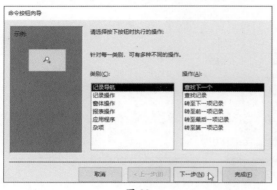
图 83

图 84

（5）选中窗体中的按钮，切换到"窗体布局设计"选项卡，在"工具"组中单击"属性表"
按钮，打开"属性表"窗格。在窗格中的"事件"选项卡中单击"单击"右侧的下拉按钮，在
下拉列表中选择"欢迎窗口"宏操作，如图85所示。

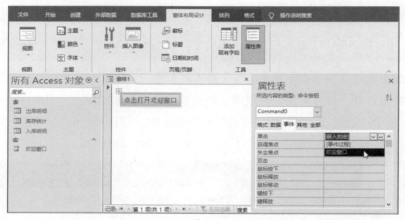
图 85

（6）保存窗体，设置窗体名称为"带按钮的窗体"。随后在"窗体视图"中打开窗体，单
击"点击打开欢迎窗口"按钮，窗口中随即自动弹出"欢迎信息"对话框，如图86所示。

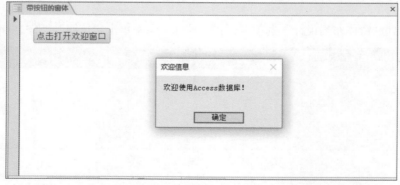
图 86